세상 모든
부모에게 드리는 다정한
명화와 글 365

부모
행복일력

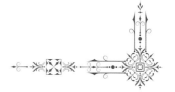

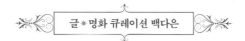

글 ＊ 명화 큐레이션 백다은

더블북

세상 모든 부모에게 드리는 다정한 명화와 글 365

부모행복일력

초판 1쇄 인쇄 2024년 10월 14일
초판 1쇄 발행 2024년 10월 28일

글·명화 큐레이션 백다은
펴낸이 하인숙

기획총괄 김현종
책임편집 은현희
디자인 STUDIO BEAR

펴낸곳 더블북
출판등록 2009년 4월 13일 제2022-000052호
주소 서울시 양천구 목동서로 77 현대월드타워 1713호
전화 02-2061-0765 팩스 02-2061-0766

블로그 https://blog.naver.com/doublebook
인스타그램 @doublebook_pub
포스트 post.naver.com/doublebook
페이스북 www.facebook.com/doublebook1
이메일 doublebook@naver.com

ⓒ 백다은, 2024
ISBN 979-11-93153-41-3 (00590)

오늘 하루가 인생의 선물

이번 생애 부모는 처음이라서, 나와 아이를 더 사랑하는 법을 배웁니다. 그저 세워두는 것만으로도 근사한 가족이 되게 하는, 마법 같은 부모행복일력. 어렸을 때는 부모라면 모든 것을 잘할 줄 알았습니다. 그러나 두 아이의 엄마가 되고 나니 매일이 숙제투성이인 현실을 마주하게 되었습니다. 자녀 양육뿐 아니라 가사, 커리어, 원고 집필 등 다양한 역할을 동시에 해내느라 힘에 부칠 때가 많으니까요. 그럼에도 부모는 저마다 자녀에 대한 사랑과 꿈을 품고, 희망찬 내일을 그리며 오늘도 최선을 다해 살아가고 있습니다. 이 일력을 통해 그런 모든 부모에게 찬사와 더불어 힘이 되는 메시지를 매일 매일 전하고 싶었습니다. 세상에 내 편이 아무도 없을 것 같은 날에도 오롯이 부모의 편이 되어주는 글과 명화는 365개의 지혜와 영감을 선물할 것입니다.

우리 가족의 오늘을 더욱 사랑하게 만드는 따스한 마음과 아이들이 단단하게 자라도록 돕는 상황별 부모 언어, 슬기로운 기관 생활을 위한 교육 조언들, 전문적인 교육학 지식과, 우리가 아이들과 함께 만들어 갈 건강한 교육 문화에 관한 내용도 함께 담았습니다.

우리는 그 누구도 완전하지 않기에 끊임없이 균형을 맞춰가며 인생을 살아가고 있습니다. 육아는 매일이 새롭고, 그 속에서 어른이 되어서도 끊임없이 변화하고 있음을 깨닫게 하는 일이니까요. 아이의 호기심 가득한 질문에 답하다 보면 나도 몰랐던 내 생각과 감정을 마주하게 되기도 하며, 예전에는 중요하게 여기지 않았던 작은 일들이 이제는 큰 의미로 다가오기도 합니다. 아이가 성장하는 만큼 나 자신 역시 함께 배우고 성장하고 있음을 느낍니다.

아울러 이번 365점의 명화 큐레이션은 세상 모든 부모님이 행복하시길 바라는 마음을 담아 진행했습니다. 무엇보다 갓 세상에 태어난 아가의 모습과 행복으로 충만했던 우리 가정의 특별한 날들을 영원히 기억하며, 다시 돌아오지 않을 이 축복받은 시기를 오롯이 기쁨과 행복으로 가득한 축제의 날들로 만들어 가길 바랍니다. 이 일력이 여러분의 가정에 따뜻한 온기를 전해 주고 여러분의 곁에서 내내 함께하길 바랍니다.

백다은

31

내일 맞이

12월 31일, 한 해의 마지막 날. 지난 시간을
돌아봅니다. 엄마로, 아빠로, 그리고 한
사람으로서 우리는 얼마나 성장했을까요?
여전히 부족하고 실수투성이지만, 그래도
조금은 더 단단해진 것 같습니다. 이제 새로운
시작을 준비할 시간입니다.

레이턴 버드 Leighton Budd, 새해 결심 - 녹아버릴 때까지!, 1913

지은이 & 명화 큐레이션
백다은 (산타 백쌤)

초등학교 교사, EBS 공채 강사(수학, 영어, 사회), 작가, 피아노 연주가다. '산타백쌤' 이라는 닉네임으로 아이들의 마음을 읽는 독서교육, 공부법, 에듀테크, 미래교육에 이르기까지, 학생, 학부모, 교사 대상의 다양한 교육 콘텐츠 및 수업자료 등을 개발하고 강의하였다.

현장교사 정책 연구회(전, TF)에서 활동하며, 학생 문제행동과 교육 현장 개선을 위한 연구를 진행 중이다. EBS 뉴스(2023.8.15)에 언론 대응 팀장으로 대표 출연해 현장 교사 정책 TF의 300페이지 보고서를 소개했다. 현직 교사들이 자발적으로 TF팀을 구성해 대통령, 17개 시도 교육감, 전국 교육청 등에 전달하여 교육부 고시 등에 반영된 것은 처음이었다.

무엇보다, 대한민국의 건강한 교육 문화를 만들어 가는 데 일조하고자 한다. 다문화, 학습 부진, 경계성 지능 등 나날이 다양해지는 배경의 교실 속 학습자들과 교사들을 돕고자 'AI 튜터' 서비스 또한 기획, 준비 중이다.

KBS 〈명견만리〉, EBS 생방송 〈부모〉, YTN 〈수다학〉, EBS 〈다큐 프라임〉 '글로벌 인재 전쟁' 등의 방송 등에서 대중 강연을 진행했다. 초등 1급 정교사 연수 및 아이스크림, 티처빌, 교총, 천재 티셀파 원격연수원 등에서 교사 연수를 다수 진행하였다.

미래엔 목정미래재단 미래 교육상 최우수상, 미래를 바꾸는 유초등교육 혁신 아이디어 공모전 동상, 삼성 투모로우 솔루션 Top Finalist(개별맞춤 미래교육), 소셜벤처 전국 경연대회 고용노동부 장관상 등을 수상했다.

《대한민국 미래교육 트렌드》,《열혈 엄마 똑똑한 육아법》,《내 꿈은 달라》,《두근두근 N잡 대모험》,《정말이야 시리즈》 등 동화책, 육아서, 미래교육 도서 등을 다수 집필하였다.

인스타그램 100_baek_daeun
메일 dreamschule@naver.com

December

30

부모의 운명

당신 탓이 아니에요. 세상 그 어떤 부모도
완벽하지 못해요. 각자의 방식대로 최선을
다해 자녀를 아끼고 사랑하며 살아낼
뿐이에요. 그것이 부모의 운명이니까요.

조지 헨리 더리 George Henry Durrie, 농장에서의 겨울, 약 1862-1863경

열두 달의 버킷리스트

인생에서 가장 소중한 시간은 바로 지금입니다. 살아있는 나날 동안 꼭 이루고 싶은 소망이 있다면 지금 이 순간의 작은 실천이 중요해요. 버킷리스트를 작성하면 삶의 방향성을 찾고 목표를 이뤄가는 데 큰 도움이 됩니다. 이제 시작해 보세요. 당신의 꿈을 응원합니다.

1 January _____

2 February _____

3 March _____

4 April _____

5 May _____

6 June _____

7 July _____

8 August _____

9 September _____

10 October _____

11 November _____

12 December _____

서로 사랑하며

모든 생명체는 사랑이 필요합니다. 아이와
가족뿐만 아니라 길 잃은 고양이, 정 많은
할머니, 숲속의 나무, 예술가 거미, 작은 꽃과
풀들도 사랑받아야 합니다. 이들을 예뻐하고
소중히 여길 때, 세상은 더욱 따뜻해지고
아이들이 살아갈 미래도 더 살맛 나는 곳이 될
것입니다.

아서 존 엘슬리 Arthur John Elsley, 너무 더워, 1904

1 JANUARY

1월의 아침이 열렸습니다.
아무도 밟지 않은 길 위에
첫 발자국을 찍어보세요.
신비로운 시간이
우리를 기다리고 있어요.

시그바르드 마리우스 한센 Sigvard Marius Hansen, 눈 속의 발자국, 1898

약속은 중요해요

부모가 아이와 한 약속을 항상 지키는 건
쉽지 않습니다. 때로는 야근이나 일정
변경으로 약속을 지키지 못하는 상황이
생기기도 합니다. 이럴 때는 상황을
솔직하게 설명하고, 약속을 지키려
노력했던 과정을 함께 이야기하는 것이
중요해요. 진정한 소통 속에서 아이는
믿음을 느낄 수 있습니다.

우고 발처 **Hugo Walzer**, 젊은 커플과 함께한 봄 풍경

내 인생의 선물

아가야
넌 정말 특별한 선물이란다.
엄마 배 속에서
아주 작은 씨앗으로 시작해,
쑥쑥 자라나, 마침내 어느 날
우리 곁에 기적처럼 찾아왔어.
네가 있어서 행복하다.
너와 함께 하는 매 순간이
소중하고 특별하단다.

프리드리히 폰 아메를링 Friedrich von Amerling, 리히텐슈타인 마리 프란체스카 공주의 두 살 때 초상, 1836

성숙의 여정

어른이 된다는 것은 스스로 길을 선택하고
그에 대한 책임을 지는 것입니다.
좌절을 겪으며 다시 일어서는 법을 배우고
사랑하는 사람들을 지키기 위해
눈물을 참기도 합니다.
이것이 인생입니다.

안젤름 슐츠베르크 Anshelm Schultzberg, 달라르나의 눈이 내린 겨울 아침, 1893

소망을 이루는 체크리스트

올해 이루고 싶은 소망이 있나요?
목표를 잘게 쪼갠 체크리스트를 만들어
보세요. 한 발 한 발 계단을 올라가듯
이뤄가는 성취감을 안겨줄 거예요.
목표를 이룬 날은 아이와 함께 외쳐보세요.
"나는 무엇이든 할 수 있는 사람이다."
1월의 다짐, 잊지 말아요.

칼 라르손 Carl Larson, 공부하는 에스비외른, 1912

변치 않는 우정

바쁜 일상에서 오랜 친구를 떠올리면 마음이
아련해집니다. 각자의 삶을 살아가는 친구들과
청춘의 열정을 나누고, 서로의 결혼식에서
축복을 빌어주며 인생의 고비마다 힘이
되어주었습니다. 이제는 서로의 아이들
이야기를 나누는 나이가 되었지만, 우리의
우정은 여전히 변하지 않았습니다.

에밀 바르바리니 **Emil Barbarini**, 빈의 성 찰스 교회 근처의 꽃 시장

3

이야기가 시작됐어요

생명의 탄생은 경이롭습니다.
사람의 작은 세포 하나가 시작되어 두 개,
네 개, 여덟 개로 나뉘며 태아로 성장하니까요.
그러다 마침내 아이는 세상의 빛을 보게
되지요.
수많은 가능성을 품고 태어나 이제 막
자신만의 이야기를 쓰기 시작했습니다.
놀랍지 않나요?

모드 타우지 팡겔 Maud Tousey Fangel, 의자에 앉은 아기, 1925

December

25

소원이 이루어지는 순간

크리스마스트리 아래 선물을 발견한 순간,
아이의 눈은 별처럼 반짝이고 입가에는 환한
미소가 번져요. 그 기쁨과 놀라움이 뒤섞인
표정을 보세요. 언젠가 아이도 누군가에게
이런 선물 같은 순간을 베푸는 사람이 될
거예요.

레오폴트 폰 칼크레우트 Leopold von Kalckreuth, 크리스마스트리 옆의 아이들

4

진주가 되는 순간들

정말로 행복한 나날이란
진주알들이 하나하나 한 줄로 꿰어지듯
소박한 나날입니다.
육아의 길은 고단하고 힘들지만,
이 소중한 진주들을 하나씩 모아가는 과정이
우리 인생의 가장 빛나는
순간입니다.

페더 세베린 크뢰예르 Peder Severin Krøyer, 장미. 미세스 벤드센의 집 정원에서 덱체어에 앉아 있는 마리 크뢰예르, 1893

24

메리 크리스마스

어린 시절 엄마 아빠의 산타 할아버지에 대한
추억을 아이에게 들려주세요. 어떤 소원을
빌고, 어떤 선물을 받았는지, 그때의 설렘을
이야기하며 현재의 마법 같은 추억 여행을
이어가세요. Merry Christmas!

호세 프라파 José Frappa, 크리스마스 배달

January

5

행복의 발견

오늘 하루, 몇 번이나 미소를 지었나요?
그 횟수만큼 당신은
이미 행복한 사람이랍니다.
자, 이제 눈을 크게 뜨고 주변을 둘러보세요.
당신을 활짝 웃게 할 일들을 찾아보세요.
작은 행복의 씨앗은 어디에나 있어요.
그걸 발견하고 가꾸는 건
당신의 몫이랍니다.

에드워드 킬링워스 존슨 Edward Killingworth Johnson, 종일 행복한 하루, 1881

서로가 보석

세상에 홀로 존재하는 사람은 없습니다.
우리는 모두 연결되어 있으며, 작은 관심과
따뜻한 말이 누군가의 하루를 변화시킬 수
있습니다. 서로의 존재를 소중히 여기고, 작은
행동이 큰 변화를 불러올 수 있다는 믿음을
잃지 말아야 합니다.

유리우스 아담 Julius Adam the elder, 고양이와 새끼 고양이

January

6

이 순간이 보물

시간은 눈 깜짝할 사이에 지나갑니다.
지금 내 곁에 있는 작은 아이가 보이나요?
귀엽고 사랑스러운 이 아이가 주는 기쁨을
잘 간직해야 합니다.
마음속 서랍에 넣어두고 그리울 때마다 꺼내볼
수 있게요. 언젠가 아이가 커서 우리 곁을
떠나고 아이의 방이 텅 비어 있을 때, 우리는
미소를 지으면서 말할 거예요.
"그래, 그때 정말 행복했었지"

빅토르 가브리엘 길베르 Victor Gabriel Gilbert, 아침 빛

감정 표현하기

아이가 일기나 사진으로 일상을 기록하게
하세요. 이는 자신을 아름다운 생각으로
채우고, 소중한 존재임을 깨닫게 합니다.
기쁨과 슬픔을 느끼고 표현하는 능력은 인생의
다채로운 색을 그리는 것과 같으며, 감정을
표현하는 순간 아이는 살아있음을 온전히
느끼게 됩니다.

빅토르 가브리엘 길베르 Victor Gabriel Gilbert, 꽃 시장

말하면 편해져요

매일 아침 알람 소리와 함께 하루가
시작됩니다. 아이들 깨우기, 아침 준비,
그리고 끝없는 일과 육아의 연속.
우리는 종종 이 모든 것을 완벽하게 해내야
한다는 압박감에 시달립니다.
하지만 때로는 너무 버거울 때가 있죠.
그럴 때 누구에게든 이렇게 말해보세요.
"나 정말 힘들어"

클로드 모네 Claude Monet, 마담 모네 자수하기, 1875

다시 하면 돼

원하는 대로 되지 않을 수 있지만, 중요한
것은 그 상황에 대한 반응입니다. "다시
하면 돼"라는 메시지를 통해 아이들에게
도전의 용기를 심어주는 것이 중요합니다.
실패를 두려워하지 않고 다시 시도하는
힘을 기르면, 아이들은 언제든지 다시
일어설 수 있는 능력을 갖추게 됩니다.

요한 게오르크 자이츠 Johann Georg Seitz, 부엌 정물화 : 멜론, 토마토, 사과, 배와 꽃이 핀 완두콩

같은 방향을 바라봐요

아이의 눈높이에 맞춰 세상을 바라보세요.
손을 잡고 무릎을 굽혀 아이와 눈을 마주치고
같은 방향을 바라보세요. 아이의 시선으로
세상을 바라보면 평범한 것들이 얼마나
신비롭고 경이로운지 알 수 있어요. 우리는
함께 무엇이든 해낼 수 있을 거예요.

막시밀리앙 리스 Maximilien Luce, 꽃병

December

20

응원의 메시지

"너 잘 되라고" 대신 "네 인생의 주인공은
너야. 난 너의 가장 열렬한 응원자가 될
거야"라고 말해 주세요. 이는 아이의 삶을
인정하며 강력한 지지의 메시지가 되며,
아이는 자신의 이야기를 써나갈 용기와
자신감을 얻게 됩니다.

앙리-쥘-장 조프로이 Henri-Jules-Jean Geoffroy, 젊은 예술가, 1876

우주 같은 사랑

"내가 엄마를 얼마만큼 사랑하는지 알아요?"
아이는 작은 입으로 세상에서 가장 큰 숫자를
말합니다. 그러면서 작은 손가락이 우주 저
멀리를 가리킵니다.
"저 우주 끝까지, 아니, 그 너머까지
사랑해요!"
두 팔을 벌린 아이의 마음이 온 세상을 다
감싸 안는 듯합니다.

에밀 뮈니에 Émile Munier, 부드러운 포옹 1887

December

19

자유로운 둥지

부모의 품은 아이를 가두는 새장이 아니라,
자유롭게 날개를 펼칠 수 있는 둥지가
되어주어야 합니다. 아이가 세상살이에 지쳐
잠시 쉬어가고 싶을 때 언제라도 돌아와 쉴 수
있는, 커다란 품이 되어주세요.

칼 라르손 Carl Larsson, 마당과 세탁소

우리는 함께 자라는 중

배 속에서 꼬물대다 세상에 나온 작은 존재가
벌써 이만큼이나 자랐어요. 그런데 그거
아세요? 아이가 자란 만큼 부모도 성장해요.
아이를 키우며 매 순간 용기, 지혜, 인내를
끝없이 배우거든요.
오늘은 큰소리로 나를 칭찬해 주세요.
"수고했어, 오늘도!"

데메테르 코코 Demeter Koko, 물속의 오리 1925

18

내 안의 용기

살다 보면 작은 돌멩이에 걸려 넘어질 것 같은
날들이 있습니다. 하지만 지나온 길의 작은
성공을 돌아보면, 험난한 산길도 넘을 힘이
있음을 깨닫게 됩니다. 숨을 크게 들이마시고
내 안의 지혜와 용기를 믿으세요.

제시 윌콕스 스미스 Jessie Willcox Smith, 그래서 다이아몬드는 다시 앉아 아기를 무릎에 안았다, 1919

January

11

거울 같은 눈동자

아이의 눈동자를 들여다보세요. 호수처럼
맑은 눈망울에 내 모습이 고스란히 비칩니다.
당신의 예쁜 미소, 따뜻한 말, 작은 친절을 보며
자라난 아이는 분명 더 밝고 따뜻한 세상을
만들어 갈 거예요.

프리츠 뮐러-란덱 Fritz Müller-Landeck, 맑은 겨울날

17

부디 건강하기를

아이를 기관에 보내면 자주 아프게 되는 것
같습니다. 아픈 날에는 집안이 적막해지고,
부모는 아이의 힘없는 모습에 가슴 아픕니다.
시간이 지나면 면역력이 생기니 너무 걱정하지
말고, 아픈 아이를 돌보며 자신도 챙겨야
합니다. 부디 아프지 말아요.

악셀리 갈렌-칼레라 Akseli Gallen-Kallela, 아픈 아이와 어머니, 1888

나는 소중한 존재입니다

자존감을 지닌 사람은 내 모습 그대로를
사랑합니다. 자기의 가치를 알면 어떤
어려움도 이겨낼 수 있어요. 그리고 다시
일어설 수 있는 용기와 힘이 생겨요.
나는 이 세상에서 가장 소중한 존재라는
사실을 잊지 마세요.

클로드 모네 Claude Monet, 양산을 든 여인 - 모네 부인과 그녀의 아들, 1875

December

16

아기자기한 나날들

"키커라 요정님이 키 크는 마법 가루를
뿌려주실 수 있도록, 어서 밥 먹자, 코
자자."라고 이야기해 보세요.
아이에게도 부모에게도 지금 이 순간은
인생에서 가장 아기자기하고 예쁜 나날입니다.

클로드 모네 Claude Monet, 베퇴유에 있는 화가의 정원, 1881

지는 연습을 해요

우리는 승리의 쾌감을 알고 있습니다.
경쟁에서 이기고, 인정받는 순간의
짜릿함을요. 하지만 때로는 지는 순간이
더없이 행복할 때가 있어요. 아이와 놀면서
모르는 척 져주는 그 순간 말이에요.
천진무구한 아이의 얼굴에 번지는 환한 미소를
보셨나요?
작은 주먹을 불끈 쥐고 기뻐하는 모습.

안톤 디펜바흐 **Anton Dieffenbach**, 오리에게 먹이 주기

가족의 소중함

결국 남는 것은 가족입니다. 우리는 소중한
날들을 축제로 만들 권리와 의무가 있습니다.
반복되는 일상에서 잠시 쉬어가면서, 아이가
자란 후의 모습을 떠올려 보세요. 사랑하지
못한 미안함을 남길 것인지, 소중한 추억으로
가득한 시간을 만들 것인지 생각해 보세요.
어떤 마음가짐으로 살아가야 할지 이미 알고
있을 거예요.

마리 조제프 레옹 클라벨Marie-Joseph-Léon Clavel, 사랑의 호수, 1918

14

자연이 주는 가르침

아이가 자연에서 새롭게 배우는 순간은
마법과도 같습니다. "애벌레가 어떻게 나비가
되나요?" "달은 왜 모양이 바뀌나요?"
"무지개는 어떻게 생기나요?"
아이의 눈은 늘 호기심으로 반짝여요.
경이로움으로 가득 차 있어요.
풀잎 위의 애벌레를 발견하며 눈을 반짝이는
순간, 아이는 새로운 세계를 발견한
탐험가가 됩니다.

폴 앙드레 로베르 *Paul-Andre Robert*, 르 수프레, 1934

December

14

따뜻한 상상

매서운 겨울 추위가 온 세상을 덮치면,
우리는 따뜻한 곳을 찾아 헤맵니다.
상상해 봐요.
따끈한 어묵 국물 한 모금, 길가에서 만난
군고구마 아저씨, 창밖에 눈이 내리는
걸 보며 마시는 코코아 한 잔과 따끈따끈
붕어빵. 생각만으로도 행복해지지 않나요.

칼 루드비히 프린츠 Karl Ludwig Prinz, 눈 덮인 비너브루크와 외처 산

January

15

표현하는 사랑

꼭 안아주기, 뽀뽀하기, 노래 부르며 눈코입
볼 터치하기, 간지럽히기, 귓속말로 속삭이기,
코 비비기, 무릎에 앉혀 책 읽어주기…
아이와의 애착 관계를 강화하는 방법은 결국
일관되게 '사랑을 느끼게 하는 것'이랍니다.
어렵지 않아요.

알베르 에델펠트 **Albert Edelfelt**, 블랑카 여왕 연구작, **1876**

13

안전의 중요성

작은 실수가 큰 결과를 초래하므로 안전
규칙을 반복적으로 가르치는 것이 중요합니다.
경고를 자주 듣는 아이는 조심스럽게
행동하고, 이러한 가르침은 안전한 습관으로
이어져 자기 통제력을 키우고 스스로를 지키는
힘이 됩니다.

피터 한센 **Peter Hansen**, 파보르그 밖에서 스케이트를 타는 아이들, 1901

최고의 부모

내 아이에게 좋은 부모가 되고 싶나요?
그런 마음을 가진 사람은, 온 우주에서
당신밖에 없어요.
꼭 가장 훌륭할 필요는 없어요.
그저, 옆에 있어 주는 것만으로도
당신은 이미 최고의 부모니까요.

프레더릭 저드 워 Frederick Judd Waugh, 떠오르는 달, 1926

12

작은 목소리

아이의 작은 목소리에 귀 기울여 주는 것은,
그들이 세상과 연결될 수 있는 다리를
놓아주는 것과 같습니다.
"네가 그렇게 느끼는구나!" 한 마디는 커다란
위안이 되어주고, 그들의 마음에 따뜻한
햇살이 비추게 합니다.

한스 자츠카 **Hans Zatzka**, 사랑의 편지

17

눈높이 효과

때론 어른의 시선을 내려놓고 아이의 호기심
가득한 눈으로 세상을 바라봐요. 그 순간,
새로운 기쁨을 발견할 수 있어요.
눈높이를 맞추면 아이의 상상력을 키우고,
공감 능력을 키워줘요. 세상을 더 넓고
다채롭게 바라보는 힘을 주지요.

어거스터스 에드윈 멀리디 Augustus Edwin Mulready, 동정, 1881

December

11

사귐의 가치

아이들에게 다양한 친구 관계의 가치를
이야기해 주세요. "새로운 친구를 사귀는 것은
기존 친구와 멀어지는 것이 아니라, 자신의
세계를 넓히는 기회"라고 알려주세요. 관계의
변화를 두려워하지 않고 열린 마음으로
받아들일 수 있도록 도와주면, 아이들이 더
유연하고 건강한 사회적 관계를 맺는 데
도움이 될 것입니다.

제시 윌콕스 스미스 Jessie Willcox Smith, 눈 속에서 노는 아이들

January

18

귀를 기울여요

아이는 작은 우주예요. 그 안에는 이미 어른의
모습이 숨어 있어요. 아이의 눈동자에는
무한한 가능성과 꿈이 가득하고, 작은 손에는
세상을 변화시킬 힘이 담겨 있어요.
아이들의 작지만 큰 목소리를 존중해 주세요.

마가렛 스토다르트 Margaret Stoddart, 노란 꽃과 로즈메리, 1897

삶의 미로

산다는 것은 끝없는 미로와 같습니다. 수많은
갈림길에서 나에게 맞는 길을 찾아야 합니다.
사랑과 인생도 최적의 경로를 찾는 법칙에
따라 움직입니다. 그러나 삶은 최고의 길을
찾는 것이 아니라, 선택한 길 위에서 최선의
삶을 만들어 가는 과정입니다. 완벽함을
추구하기보다 나만의 길을 그려나가는 것이 더
중요합니다.

루이즈 아베마 Louise Abbéma, 겨울 산책 중인 우아한 여성

19

생각하는 방법

"피아노를 배우면서 어떤 점을 새롭게 알게
되었니?" 끊임없이 질문하면서 자기에
대해 생각하게 해 주세요. 나를 행복하게
하는 것이 무엇인지, 내가 무엇을 잘할 수
있는지, 어려움을 이겨낸 후 무엇을 느꼈는지
물어보세요. 질문하고 생각하는 방법을
배울 거예요.

폴린 오주 Pauline Auzou, 피아노 레슨

기다림의 지혜

심은 씨앗이 땅속에서 자라는 동안, 우리는
믿음을 지키며 기다려야 합니다. 이 기다림은
지루하고 답답할 수 있지만, 우리를 더 강하고
지혜롭게 만들어 줍니다. 겸손과 감사의
마음을 배우며, 이 시간을 통해 더 나은 나로
변화하고 있음을 믿고 순간을 소중히 여기는
지혜를 얻게 됩니다.

토마스 에드윈 모스틴 Thomas Edwin Mostyn, 마법 같은 저녁 베네치아

20

지금 그대로 사랑해

아이는 배우는 중이에요. 아직 서툰 점이
있어도 지금 그대로의 모습을 사랑해 주세요.
내 아이가 실수할 땐 이렇게 말해 주세요.
"괜찮아, 실수는 어른들도 할 수 있어!
다음엔 더 잘할 수 있을 거야!"

빅토르 가브리엘 길베르 Victor Gabriel Gilbert, 두 사람의 식사

December

8

성장 과정

완벽해 보이는 사람들도 많은 도전과 실패
끝에 성공을 이룹니다. 수백 번의 실험과 거절
뒤에는 숨겨진 좌절이 있습니다.
어린아이에게 작은 실수와 실패조차 용납되지
않으면, 그 아이의 날개를 꺾는 것입니다.
실수와 실패는 부끄러운 것이 아니라 성장을
위한 과정입니다.

에른스트 요세프손 Ernst Josephson, 손수레를 가진 소년, 1880

January

21

네 생각이 궁금해

"네 생각이 궁금해?"라는 말은
호기심이라는 나무를 자라게 합니다.
이 나무는 끊임없이 새로운 가지를 뻗어가요.
세상을 깊이 탐구하고 배우려는 열정으로
아이의 마음을 가득 채워줄 거예요.

브루노 릴예포르스 Bruno Liljefors, 겨울토끼, 1906

December

7

겨울 사색

겨울은 마음을 들여다보는 계절로, 긴 밤과
짧은 낮이 생각할 시간을 제공합니다.
한 해를 마무리하며 지나온 날들을 돌아보고,
다가올 봄을 기다리며 새로운 꿈을 키워
나갑니다. 겨울의 차가움은 우리의 의지를
단단하게 하고, 그 속에서 피어나는 희망의
씨앗은 더욱 강해질 것입니다.

미셸 게르마체프 **Michel Guermacheff**, 눈 속의 오두막.

22

당신은 언제나 옳아요

커리어를 계속할지, 육아에 전념할지 고민하는
중인가요? 그 선택은 오직 당신의 몫입니다.
만약 다시 세상과 연결되기를 원한다면,
그것이 당신에게 활력을 주고 성장의 기회가
되길 바랍니다. 반대로 그 시간을 자신과
가족을 위해 의미 있게 보내신다면, 그것 또한
아주 소중한 선택입니다. 당신은 이미 값지고
중요한 일을 하고 있어요.

해리슨 피셔 Harrison Fisher, 소녀들 도판 1, 1914

December

6

작은 성취

'아, 세상엔 참 재미난 일이 많구나!'
'앞으로도 잘해보고 싶은 게 많아'
아이가 세상에 대한 호기심을 잃지 않고,
용기 있게 발을 내디딜 수 있도록 해 주세요.

앙리엣 론너-크니프 Henriëtte Ronner-Knip, 세계를 여행하는 사람들

23

매일 칭찬해 주세요

매일 칭찬해 주세요. 아이의 작은 진전에도
말해 주세요. "네가 열심히 노력해서 이 문제를
풀어냈구나. 정말 대단해!" 그러면 아이는
자신의 노력과 성장에 집중할 수 있어요.
자신을 있는 그대로 사랑하는 법을 배우게 될
거예요.

조지 페이스 George Paice, 잭 러셀 테리어 파이퍼

December

5

배울 점을 찾아요

이기려고만 하면 모두가 적이지만, 배우려고
마음먹으면 모두가 스승이라는 마음가짐은
아이들의 세계를 넓히고, 더 풍부한 경험과
지식을 쌓을 수 있게 해 줍니다.
경쟁을 두려워하지 않고 그 속에서도 교훈을
찾도록 도와주세요.

아서 존 엘슬리 **Arthur John Elsley**, 앞으로 가라, **1914**

January

24

감사하는 마음

매일 먹는 밥은 농부 덕분에,
학교에서 배울 수 있는 건 선생님 덕분에,
안전할 수 있는 건 소방관과 경찰관
덕분이에요. 우리가 당연하다고 여기는 편안한
일상 뒤에는 수많은 이들의 고단한 하루와
피땀 어린 노력 덕분이란 걸 가르쳐 주세요.

프란츠 자베르 랑 Franz Xaver Lang, 어린이 보육

December

4

끈기와 열정

아이가 처음 피아노를 배우는 나이보다는,
얼마나 꾸준히 연습하고 음악을 즐기는지가
더 중요합니다. 외국어 역시 배우는 시기
이상으로 얼마나 자주, 오랫동안 그 언어에
노출되고 사용하는지가 더 중요합니다.
결국 재능만이 아닌, 끈기와 열정이 승리한단
걸 기억하세요.

에르네스트-앙주 뒤에즈 **Ernest-Ange Duez**, 이중창

January

25

아이는 햇살이에요

아이들은 우리의 일상에 생기를 전해줍니다.
잊고 있던 기쁨과 위로를 주지요. 어르신들은
아이를 보면서 그리움을 느끼고, 자신의
어린 시절을 떠올리기도 합니다. 할머니와
할아버지는 아이들의 머리를 쓰다듬으며
사랑의 인사를 건넵니다.
아이는 이제 우리 모두의 마음을 녹이는
햇살입니다.

메리 카사트 **Mary Cassatt**, 아이를 바라보는 여성들, **1897**

3

첫 발걸음

아직은 서툰 아이지만, 세상을 배워가는
과정에서 매 순간이 놀라움으로 가득합니다.
작은 손으로 처음 만져보는 것들의 촉감,
처음 내딛는 걸음의 설렘, 그 모든 것이
아이에게는 기적과도 같습니다.
첫 걸음을 뗀 그 시도가 만들어내는 성장은
아이뿐만 아니라 주변 사람들에게도
큰 기쁨과 감동을 줍니다.

아우구스트 예른베리 August Jernberg, 싹트는 재능, 1865 이전

즐거운 일이 생길 거야

틈날 때마다, 아이에게 말을 걸어보세요.
"오늘은 어떤 멋진 일이 기다리고 있을까?"
"오늘은 뭘 배우고 경험할 수 있을까?"
그러면 아이는 미래에 대해 두려워하지 않는
마음을 갖게 될 거예요. 보이지 않는 내일을
향해 한 걸음씩 내디딜 용기가 생길 거예요.

귀스타브 쿠르베 Gustave Courbet, 거울 앞에서

2

작지만 값진 선물

손뼉치기, 곰 세 마리, 잼잼, 초코라떼, 실뜨기
등의 손 놀이는 단순하고 투박해 보이지만,
그 안에 숨겨진 가치는 무궁무진합니다.
티브이나 스마트폰과는 비교할 수 없이 더
값진 선물이 될 수 있습니다.
소중한 놀이 시간은 아이의 마음속에
행복의 씨앗을 심어주거든요.

아서 존 엘슬리 Arthur John Elsley, 기다려라: 그가 온다, 1901

27

호기심이 만드는 무늬

아이들은 작은 개미의 행렬에 놀라고, 하늘의
구름 모양에 감탄합니다. 그러면서 끊임없이
"왜?"라는 질문을 던집니다. 이런 호기심은
뇌의 시냅스를 활발하게 연결합니다.
나무의 나이테처럼, 배우고 경험한 것들이
뇌에 새겨질 거예요.

존 싱어 John Singer Sargent, 카네이션, 백합, 백합, 장미, 1885-6

부모가 되는 일

부모가 된다는 것은 끝없는 배움의
과정입니다. 실수와 후회 속에서도 아이는
자라나며, 그 과정에서 부모도 함께
성장합니다. 아이의 첫걸음, 첫 웃음,
첫 단어는 삶의 가장 아름다운 선물입니다.
힘든 순간에도 아이의 맑은 눈빛이 세상을
다시 빛나게 합니다.

블라디슬라프 포드코비인스키 Władysław Podkowiński, 모자를 쓴 소녀, 1894

육아라는 신세계

육아는 새로운 경력의 시작입니다. SNS를
통해 나를 표현할 기회가 많아졌으니까요.
나만의 이유식 비법, 육아 꿀팁, 육아 소재의
글쓰기 등… 꼭 잘하지 못해도 괜찮아요.
오히려 실수투성이일수록 더 많은 이들에게
큰 공감을 줄 테니까요.

프레더릭 에드윈 처치 Frederic Edwin Church, 구름 낀 산 위의 하늘, 1865

12 DECEMBER

밤새 내린 눈에 온 세상이 순백의 겨울 나라가 되었어요.
힘들었던 순간도, 기뻤던 순간도 모두
소중한 추억이 되었습니다.
중요한 날엔 꼭 동그라미를 그려놓으세요.
사랑은 동그라미처럼 완전하고,
시작과 끝이 없답니다.

칼 루드비히 프린츠 Karl Ludwig Prinz, 눈 덮인 비너브루크와 외처 산

January

29

지속적인 관심

부모의 일관된 사랑과 관심, 적절한 훈육은
아이의 마음속에 단단한 기반을 만들어
줍니다. 마치 따뜻한 봄볕과 시원한 비가
어린 새싹을 키워내는 것처럼요. 때로는 거센
눈보라에 흔들리기도 하겠지만, 아이는 더
강해질 거예요.

칼 슈베닝거 주니어 **Karl Schwenninger Jr.**, 암사슴과 새끼사슴

November

30

일상 속 배움

아이와 함께하는 일상은 다양한 배움의
기회로 가득합니다. 장 볼 때 과일의 색깔과
크기를 비교하며 관찰력을 키울 수 있고,
함께 가격을 계산하며 덧셈을 연습할 수
있습니다. 빨래를 개는 시간에는 양말을 짝
맞추고 옷을 분류하며 정리 능력을 기르고,
"이 티셔츠는 어떻게 접어야 할까?"라는
질문을 통해 문제 해결 능력도 키울 수
있습니다.

하인리히 헤르만스 **Heinrich Hermanns**, 암스테르담의 꽃 시장

30

이야기를 들어주세요

아이의 이야기를 잘 듣는 것은 정말 중요한
일입니다. 자기감정이 존중받고 이해받고
있다는 사실을 통해 더 나은 사람으로 성장할
힘을 얻습니다. 아이의 이야기에 귀를
기울이고 반드시 진심으로 대답해 주세요.

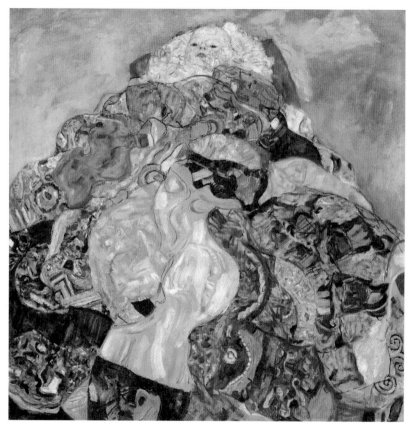

구스타프 클림트 Gustav Klimt, 아기 요람

다양한 창의성의 세계

세상을 바꾸는 큰 발견이나 발명을
'대단한 창의성Big-C'이라고 하고, 전문
분야에서의 새로운 창작은 '전문가 창의성Pro-
C'이라 부릅니다. 일상에서의 작은 아이디어나
문제 해결을 '일상 창의성Little-C'이라고 하며,
아이가 블록으로 새로운 놀이를 만드는 것을
'개인 창의성Mini-C'이라고 합니다. 창의성은
특별한 사람들만의 것이 아니며, 일상 속의
작은 발견에서 시작해 무한한 가능성으로
확장될 수 있습니다.

윈슬로 호머 Winslow Homer, 우유 짜는 소녀, 1878

함께 하는 육아

아이를 키우는 일은 엄마 한 사람만의 몫이
아닙니다. 아빠도 육아와 교육에 꾸준히
함께해 주세요. 그러면 아이는 충분히
사랑받고 있다는 걸 느껴요. 그 안정감을
바탕으로 성인이 되어서도 사회의 한
구성원으로서 책임을 다하게 될 테니까요.

윈슬로 호머 Winslow Homer, 아빠가 오신다!, 1873

November

28

취향의 시작

한 사람의 취향은 시간과 사랑, 정성을 통해
형성됩니다. 어린 시절에는 부모와 가족의
영향이 특히 큽니다. 예를 들어, 영화를
좋아하는 아이는 부모와의 영화관 추억에서
시작합니다. 가족과의 캠핑 경험도 아이에게
잊지 못할 추억을 남깁니다.
어린 시절 누군가의 사랑과 정성이 취향
형성에 기여함을 기억한다면, 아이에게 어떤
경험을 제공해야 할지 더 명확해집니다.

필리프 메르시에 Philippe Mercier, 청각의 비유

2 FEBRUARY

봄날의 예감과 설렘이 가득한 달입니다.
나뭇가지에 핀 흰 눈꽃이 툭 떨어지네요.
그리운 사람에게 안부를 전해 보세요.

윌 히콕 로우 Will Hicock Low, 봄꽃을 모으는 소녀, 1882

27

답은 스스로

때때로 모든 경험과 지혜를 아이에게 전하고
싶은 마음이 들지만, 부모의 역할은 모든 답을
주는 것이 아니라 아이가 스스로 답을 찾아갈
힘을 키워주는 것임을 깨닫습니다.

앨프레드 톰슨 브리처 Alfred Thompson Bricher, 늦가을 사코 강

나를 사랑하세요

나 자신에게 더 다정하게 대해주세요.
좀 더 관대해져도 괜찮아요.
자신을 위한 시간을 갖는 것도 잊지 마시고요.
그 시간이 내 마음을 한결 가볍고 명랑하게
만들어 줄 거예요.

카밀라 프리들랜더 Camilla Friedländer, 악보, 보석함, 동양식 꽃병이 있는 정물화 1873

사랑과 지혜

아이들은 가정에서 첫발을 내딛고,
학교에서 성장합니다. 부모의 사랑과
교사의 가르침이 함께할 때, 아이들은
건강하게 자라납니다. 부모는 안정감과
신뢰를 주고, 교사는 지식과 경험을
선물합니다. 이러한 지원 속에서 아이들은
자신감을 얻고 세상을 탐험할 힘을
기릅니다. 사랑과 지혜가 어우러져,
아이들은 긍정적인 영향을 미치는
사람으로 성장할 것입니다.

에두아르트 숄츠-브리젠 Eduard Schulz-Briesen, 어린 예술가 학교 휴식 시간, 1875

February

2

재능을 발견하는 노력

여행 코스 짜보기, 함께 요리하고, 장난감을
조립하고, 노랫말도 만들어봐요. 흥미 있는
것들을 찾아가는 모든 것이 공부입니다.
재능은 발견하는 것이니까요.

니콜라이 보그다노프-벨스키 Nikolai Bogdanov-Belsky, 한낮의 낚시, 1917

든든한 응원

아이의 결정을 신뢰하고 지지해 주세요.
때로는 우리의 기대와 다른 선택을 할 수도
있지만, 우리의 역할은 그들이 자신의
길을 찾아갈 때 옆에서 응원하고 지원하는
것입니다.

프리츠 주버-뷔흘러 Fritz Zuber-Bühler, 나의 가장 친한 친구

아름다운 당신에게

온 하루를 아이와 가족을 위해 애쓰고 있는
당신. 그런데 아무도 몰라주는 것 같아
서운하다고요?
거울을 보세요. 당신은 그 어느 때보다
빛나고 있어요.

앨버트 비어슈타트 **Albert Bierstadt**, 바다와 하늘이 있는 구름 연구

세상을 보는 눈

매일 반복되는 일상의 순간들을 새롭게
바라보세요. 아이와 함께 걷다가 잠시
멈춰 주변을 둘러보며 "저 나무의 잎은 왜
이렇게 생겼을까?" "저 새는 어디로 가는
중일까?"와 같은 질문으로 호기심을 자극해
보세요. 일상에서 쉽게 지나칠 수 있는
것들에 주목하고, 아이가 스스로 생각하고
상상할 수 있도록 도와주세요.

호아킨 소로야 Joaquín Sorolla, 해변의 아이들 하베아, 1905

사랑받고 있어요

아이들은 어른들이 상상하는 것 이상으로
부모를 사랑한답니다.
힘든 하루를 보내고 돌아왔을 때 달려와 꼭
안아주는 순간, 삐뚤빼뚤한 글씨로 사랑의
마음을 전하는 순간, 일상의 이 작은 순간들!
아이들은 자신만의 방식으로 사랑을 표현하고
있습니다.

알베르 에델펠트 Albert Edelfelt, 룩셈부르크 공원, 파리, 1887

November

23

선입견을 버려요

아이의 성장 과정에서 그들의 좋아하는
것, 친구 관계, 상처를 가장 잘 아는 사람은
부모입니다. 부모는 아이의 감정과 경험을
가까이에서 지켜보며 깊은 이해를 쌓습니다.
그러나 아이의 마음을 진정으로 이해하려면
선입견을 내려놓고, 아이의 목소리에 귀
기울여야 합니다.

알베르트 셰발리에 테일러 Albert Chevallier Tayler, 거울, 1914

5

아이가 품은 우주

모든 아이는 저마다의 우주를 갖고 있어요.
그 마음속에는 끝없는 상상력과 호기심이
있습니다.
구름 한 점에서 닮은 동물 친구들을 발견하고,
나무껍질 속 숨어 사는 작은 벌레들과 이야기
나누죠. 아이들의 세계에는 늘 새로운 발견과
기쁨이 가득합니다.

찰스 코트니 커런 Charles Courtney Curran, 산 위의 분홍 구름, 1925

눈물

눈물은 숨겨진 진실한 감정을 드러냅니다.
말로 표현할 수 없는 감정을 대신 전하며, 슬픔,
기쁨, 분노, 좌절 등의 감정을 발산해 마음의
상처를 치유합니다. 자신의 감정을 솔직히
마주하는 것은 용기의 언어일 수 있습니다.

페르디난트 하일부트 Ferdinand Heilbuth, 지베르니 근처의 여름날 프랑스

햇빛의 힘

어린 시절의 햇빛은 특별한 힘을 갖고
있습니다. 따뜻하고 생명력 넘치는 햇살
아래에서 아이들은 행복과 자유를 느껴요.
아이들이 마음껏 뛰놀고 꿈꿀 수 있도록 해
주세요. 어린 시절의 환하고 따스한 햇볕은
평생을 비추는 선물이 될 거예요.

막스 보흠 Max Bohm, 풀밭에 누워 있는 아이들, 1890

말 없는 위로

때론 말없이 곁에 있어 주는 것만으로도
충분합니다. 그저 아무 말 없이 같이 걷거나,
나란히 앉아 하늘을 바라보는 것처럼요.
아이가 힘든 날, 조용히 옆에 앉아 등을
토닥여 주는 것만으로도 마음을 전할 수
있어요. 침묵이 백 마디 말보다 더 큰 위로가
되기도 하니까요.

에르네스트-앙주 뒤에즈 Ernest-Ange Duez, 공원에서 아이와 함께 있는 젊은 엄마

February

7

예쁜 말씨

가장 반짝이는 말들로 아이의 마음을
어루만져 주세요.
"네가 있어서 엄마는 매일 행복해"
"너와 함께하는 시간은 항상 소중해"
성장하는 내내 아이의 마음속에 온기와 빛으로
남을 테니까요.

찰스 심스 Charles Sims, 키스

November

20

교과서 밖 미래

우리 아이들이 만날 미래는 부모가 알던
것보다 복잡하고 변화무쌍합니다.
책상 앞에서 배우는 지식도 중요하지만,
진정한 힘은 세상에서 자라는 법입니다.
상대방의 마음을 읽는 따뜻한 눈빛, 갈등
속에서 평화를 찾는 지혜, 창의적인 시선
등은 교과서 밖에서 길러집니다.

윌리엄 브래드포드 **William Bradford**, 펀디 만의 노던 헤드에서 본 일출, **1862**

February

8

'부모'라는 이름으로

아침에는 잠든 아이를 깨우는 다정한 알람이
되고, 식사를 준비하는 요리사가 됩니다.
호기심에 답하는 백과사전이 되었다가
저녁에는 아이의 하루를 경청하는 상담사가
되지요. 잠들기 전 책을 읽어주는 사람이
되었다가, 꿈속에 동행하는 수호천사가
됩니다.

콘스탄틴 안드레예비치 소모프 Konstantin Andreevich Somov, 무지개가 있는 풍경

November

19

진실

아이들은 우리가 잊고 살았던 진실을 일깨워
주는 작은 스승 같아요. 때론 아이의 솔직한
한마디가 우리의 마음을 찌르기도 하죠.
"엄마, 나랑 놀 땐 휴대폰 보기 없기!"
이런 말에 우리는 자신을 돌아보게 되고,
정작 중요한 것이 무엇인지 깨닫게 되죠.

구스타프 말리 Gustáv Mallý, 방 안의 창문에서 본 경치, 1932

감탄사를 잊지 마세요

"세상에, 놀라워라. 어떻게 그런 생각을
했을까?" 이런 말을 아이에게 건네면, 아이는
자신이 정말 특별하다고 느낄 거예요. 이런
칭찬은 아이에게 큰 자신감을 심어주고,
더 많이 생각하고 표현하는 용기를 주니까요.

제임스 제부사 섀넌 James Jebusa Shannon, 메레디스 '버니' 하울랜드 파인과 그의 개 헥터, 1906

지켜보는 지혜

아이 스스로 결정을 내리고 결과를 받아들이는
모습을 지켜보세요. 그 과정에서 아이의
눈빛이 반짝이고, 걸음걸이가 당당해집니다.
망설임이 있더라도, 결정을 통해 배우며
아이는 한층 더 성장하게 됩니다.

로버트 카니 Robert Caney, 별이 빛나는 하늘의 환상적인 산악 풍경

February

10

부모가 먼저 행복하기

아무리 바빠도 끼니만큼은 거르지 마세요.
잠시나마 호흡을 고르고, 에너지를 채워줄 수
있는 소중한 시간입니다.
부모가 행복해야 아이도 행복합니다.
부모의 웃는 얼굴이 아이에게 주는
가장 큰 선물입니다.

존 싱어 사전트 **John Singer Sargent**, 로지아에서의 아침 식사

November

17

미안해!

수학 문제를 이해하지 못하는 아이, 반복되는
양치질 전투, 끝없는 질문들로 인내심이
바닥나고 목소리가 높아집니다. 후회가
밀려오고, 아이의 눈물을 보며 마음이
아픕니다. 오늘 화를 냈다면 아이를 안아주며
"미안해"라고 말해 주세요. 그 모습은
아이에게 중요한 가르침이 됩니다.

피터 일스테드 Peter Ilsted, 실내의 화가의 딸들

변화가 주는 희망

새로운 사람들과 만나보세요. 쉽지 않다면,
평소 보는 SNS나 콘텐츠라도 바꿔 보세요. 좀
더 내가 닮고 싶고, 살아가고 싶은 방향으로요.
작은 변화가 우리의 시야를 넓혀주고, 새로운
미래의 가능성까지 열어 주니까요.

에르네스트-앙주 듀에즈 Ernest-Ange Duez, 해변에서

November

16

협력의 힘

부모와 교사는 아이를 위해 함께 노력하는
팀입니다. 부모는 질문에 대해 고민하고,
교사는 효과적인 전달 방법을 고민합니다.
아이들을 위한 최선의 방법을 찾기 위해 서로
신뢰를 쌓아가야 합니다.

피에르-오귀스트 르누아르 Pierre-Auguste Renoir, 두 소녀가 책을 읽는 모습, 약 1890-1891

위대한 여정

육아는 단순히 아이를 키우는 일이 아닙니다.
그것은 미래를 만드는 위대한 여정입니다.
매일매일 아이의 성장 속에서 당신은 세상을
더 나은 방향으로 변화시키는 중요한 역할을
하고 있다는 걸 잊지 마세요.

요한 나프 Johann Knapp, 자쿼앵에게의 경의, 1821-1822

November

15

배움의 다양한 방식

학교에서의 공부는 시험이나 점수뿐만
아니라 친구를 사귀고 놀이를 배우는 것도
포함됩니다. 이러한 경험을 통해 아이들은
사회성, 창의력, 삶의 가치를 배우고, 이는
그들이 더 나은 사람으로 성장하는 밑거름이
됩니다.

앙리-쥘-장 조프로이 Henri-Jules-Jean Geoffroy, 선생님의 손길

우리는 동반자

아이가 새로운 도전을 할 때, 그 곁에서
뜨겁게 응원해 주세요. 아이의 꿈을 지지하는
동반자가 되어주세요. 꿈을 돕는 과정에서
부모도 나를 찾고, 자신의 열정을 되살릴 수
있게 됩니다. 결국, 우리는 서로의 사랑 속에서
함께 성장하는 관계입니다.

아르망 기요망 Armand Guillaumin, 생팔레 바닷가, 1902

도전의 가치

적절한 도전은 아이에게 성취감과 용기를
줍니다. "조금만 더 하면 될 것 같아!"라는
생각으로 계속 도전하게 되고, 이러한 경험은
진정한 자신감과 끈기를 키우게 합니다.
아이들은 도전을 통해 배우고 성장하며,
자신이 해낼 수 있는 일들을 깨닫게 됩니다.

페르디난트 하일부트 Ferdinand Heilbuth, 꽃들 사이에서 쉬는 모습

14

사랑하는 방법

아이 앞에서 부부가 서로의 위신을 세워주고
감싸주는 모습을 자주 보여주세요.
"아빠가 일이 많아 피곤하셨나 보다."
"어른들도, 아이들도 누구라도 실수할 수
있어."
"엄마/아빠는 ~한 게 참 장점이야."

미쿨라시 갈란다 Mikuláš Galanda, 포옹, 1930

November

13

실패의 의미

잘하고 싶은 마음이 커질수록 두려움과
조바심이 커집니다. 아이의 실패를
지켜보는 것은 힘든 일이지만, 그간의
노력은 의미가 없지 않음을 따뜻한 말로
전해주세요. "결과가 보이지 않더라도
이 경험은 소중할 거야."

페더 세베린 크뢰예르 **Peder Severin Krøyer**, 스카겐 해변의 여름 저녁, 화가와 그의 아내, **1899**

자신감의 별자리

아이가 쓴 삐뚤빼뚤한 글씨, 혼자 신발 끈을
묶은 날, 용기 내어 발표하던 모습…. 이런
소중한 순간들을 기록으로 남겨보세요. 하나둘
모인 별들이 어느새 찬란한 은하수를 이루듯,
작은 성공의 기록들이 자신감의 별자리를
만들어 갑니다.

칼 베버 Carl Weber, 목가적 풍경

다양한 세계의 이해

우리는 종종 시각만으로 세상을 이해한다고
생각하지만, 손끝, 귀, 코의 감각으로도 세상을
느끼는 사람들도 있어요. 우리 각자는 고유한
방식으로 세상을 이해하며, 이를 받아들이고
존중할 때 서로를 진정으로 이해하고 포용할
수 있습니다.

피터 폴 루벤스 Peter Paul Rubens, 후각의 알레고리, 1617-1618

February

16

빛나는 일상

아이 머리를 빗겨줄 때 비치는 아침 햇살.
바쁠 때 스치듯 바라본 가족사진.
퇴근 후 아이를 데리러 갈 때,
멀리서 나를 발견하고 환하게
웃으며 달려오는 모습. 이 모든 순간이 우리의
빛나는 일상입니다.

피에르-오귀스트 르누아르 Pierre-Auguste Renoir, 책을 읽는 소녀, 1880

November

11

어둠 속의 희망

아무리 어둡더라도 빛을 찾을 수 있다는
희망만은 놓지 말아요. 마치, 어두운 밤하늘을
가로지르는 별빛처럼요. 우리 삶의 어려운
순간에도 희망의 빛은 항상 존재한다고,
그렇게 믿어요.

페르디난트 브루너 Ferdinand Brunner, 달빛 아래의 호수

세상의 모든 '첫'

아이의 순수한 눈으로 세상을 바라보면,
일상의 모든 것이 경이롭게 느껴집니다.
첫걸음마, 첫 단어, 첫 그림….
모든 '처음'들이 우리에겐
소중한 선물입니다.

줄리안 온더돈크 Julian Onderdonk, 1919-1920

실패의 가치

아이의 성장 과정에서 부모는 성공과 실패를
함께 경험하게 됩니다. 장애물을 마주할 때
아이가 스스로 문제를 해결하도록 돕는 것이
중요합니다. 실패는 두려운 것이 아니라
성장을 위한 밑거름임을 인식하게 하고, 다시
도전할 수 있는 용기를 심어주세요.

알버트 비어슈타트 **Albert Bierstadt**, 로키산맥, 랜더스 피크, 1863

February

18

오늘 하루도 감사

당신은 충분히 잘하고 있습니다. 아이와 함께
웃고, 울고, 성장하는 것. 그것만으로도 당신은
이미 아이에게 최고의 부모입니다.
오늘 하루도 수고 많으셨어요.
내일은 또 새로운 날이 될 거예요.

제이 페리 J. Ferry, 발코니에서, 사랑의 편지, 1883

불안과 집중

아이를 잘 키우지 못할까 두려운 마음과
주변의 압박감이 커질 수 있습니다.
고가의 프로그램이 필수인 것처럼
느껴지지만, 모든 아이에게 정답은
없습니다. 비교하지 말고, 걱정을
내려놓고 우리 아이에게 집중하세요.

외젠 앙리 코쇼아 Eugène Henri Cauchois, 악보와 책이 있는 정물

추억 상자

아이와 함께했던 시간을 담은 추억 상자를
만들어 보세요. 같이 갔던 놀이동산 입장권,
함께 찍은 사진, 엄마 배 속에 있을 때의
초음파 앨범, 100일 사진. 행복했던 그 시간을
언제라도 꺼내 기억할 수 있게요.

프레더릭 모건 Frederick Morgan, 맑은 시간

8

소박한 행복

매일 아침 라테 한 잔, 강아지의 반가운 꼬리
흔들기, 아삭한 사과, 아이의 깜찍한 윙크
사진, 퇴근길 좋아하는 노래, 포근한 침대.
이런 소소한 행복들이 우리의 삶을 풍요롭게
만듭니다.

존 조지 브라운 John George Brown, 개와 함께 있는 두 명의 구두 광택 소년, 약 1900-1905

부모가 된다는 것

아이의 웃음은 우리의 피로를 씻어주고,
걱정을 덜어주며, 살아가는 이유를 다시 한번
일깨워 줍니다. 그들의 해맑은 웃음 속에서
세상의 모든 아름다움을 발견하게 되죠.

엠마 뮐러 폰 제호프 Emma Müller von Seehof, 사랑의 편지

순수한 날의 꿈

어린 시절의 순수한 꿈과 열망을 떠올려
보세요. 하늘을 나는 꿈, 모험, 세상을
바꾸겠다는 열망이 여전히 당신의 마음속에
살아 있을지도 모릅니다. 한 번 깨워보는 건
어떨까요?

조지 셰리던 놀스 George Sheridan Knowles, 방울, 1914

February

21

나를 안아주는 나비 포옹

우리 아이에게 스스로 작은 날개를 감싸 안는
법을 알려주세요. '나비 포옹', 나비의 날개처럼
부드럽게 자신을 감싸 안는 이 포옹은
단순하지만 강력한 힘을 지니고 있습니다.
"힘들 때면 나비처럼 널 꼭 안아주렴. 네가
얼마나 소중한지 네 몸에 새겨주는 거야."

프란츠 아이히호르스트 *Franz Eichhorst*, 1913

부모의 언어

아이에게 부모는 절대적 존재예요. 그만큼
상처를 주는 말은 마음에 더 오래 남을 수
있죠. 그러니 만약 실수 되는 말을 했다고
생각된다면, 최대한 빨리, 마음을 다해 정정해
주세요.
"정말 미안해, 진심이 아니었어. 너는 우리의
가장 소중한 보물이야. 사랑해!"

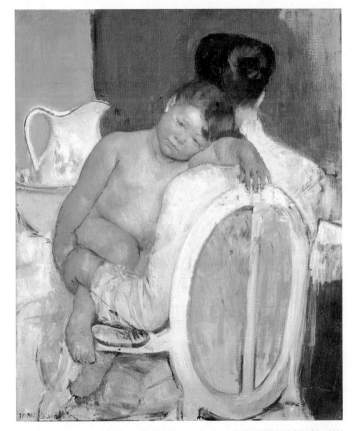

메리 카사트 **Mary Cassatt**, 팔에 아이를 안고 앉아 있는 여성

마음을 알아주세요

아이들은 자신만의 방식으로 세상에서
인정받고 싶어 해요. 그 마음을 그저 알아주는
것만으로도, 변화는 시작될 수 있어요.
"넌 정말 꾸준히 노력하고 있구나!"

존 웨인라이트 John Wainwright, 꽃 정물화, 1865

자율성을 존중해 주세요

아이의 자율성을 존중하는 태도는 주도적이고
긍정적인 결정을 내릴 수 있는 능력을 키우는
데 필수적입니다. "어떤 결정을 내리든지, 나는
네가 스스로 생각해 보고 선택한 것을 존중할
거야."

안톤 에버트 Anton Ebert, 주방의 목가, 1873

자주 격려해 주세요

"너는 할 수 있어, 언제나 네 곁에 있을게."
이 말은 놀라운 힘을 발휘합니다. 불안한
마음을 달래주고 도전의 순간에 용기를 주기
때문이지요. 사랑의 언어는 평생 마음에
새겨지는 마법의 주문입니다.

존 홉너 **John Hoppner**, 어린 시절의 샬럿 파펜딕 양, **1788**

아이들의 집중 시간

아이들의 집중 시간은 나이에 따라 다르며,
2~3세는 약 5분, 4세는 10분, 5~6세는 15분,
초등 저학년은 15~20분, 고학년은 30분
이상입니다. 지속적인 연습과 훈련으로 시간을
점차 늘려 갈 수 있으므로 안정된 환경이
필요해요.

존 조지 브라운 John George Brown, 말린 것

넘어져도 괜찮아요

아이들이 넘어질 때는 스스로 일어서는 방법을
배우게 해 주세요. 아이에게 넘어질 자유를
주세요. 다시 일어서는 과정에서 균형을 잡는
방법과 자립심을 배우게 될 거예요.

휴 헨리 브레켄리지 Hugh Henry Breckenridge, 1906

가정 교육

일관된 훈육 속에서 자란 아이는 튼튼한
뿌리를 가진 나무처럼 자신감과 따뜻함을
지니고 있습니다. 그들은 감정을 조절하고
표현하는 성숙함을 통해 선생님과 친구들을
이해하고 배려합니다.

앙리-줄-장 조프루아 Henri-Jules-Jean Geoffroy, 작은 것들의 기쁨, 1906

긍정적인 마음

아이를 키우다 보면 예상치 못한 트러블로
인해 아이에게 실수할 수도 있어요. 부모로서
한계를 느낄 수 있습니다. 그런데도, 아이에게
당신은 그 자체로 소중한 존재라는 사실을
잊지 말아야 해요. 자신을 너무 엄격하게
판단하지 마세요.

콘스탄틴 스토이츠너 Konstantin Stoitzner, 광대한 산악 풍경

더 나은 미래

아이의 세계에 귀 기울이는 당신의 모습이,
우리 사회를 더 따뜻하고 이해심 깊은 곳으로
만드는 첫걸음임을 잊지 마세요.
지금, 이 순간에도, 당신은 아이와 함께 더 나은
미래를 그려가는 고귀한 일을 하고 있답니다.

앙리엣 론너-크니프 Henriëtte Ronner-Knip, 시계와 함께 있는 어미 고양이와 새끼 고양이, 1897

평생의 안식처

부모님의 무릎에 앉아 책을 읽던 순간들은
나중에 마법 같은 기억이 됩니다. 부모님의
따뜻한 목소리는 아이의 마음속 깊이 울려
퍼져, 평생의 안식처가 됩니다. 이런 특별한
시간은 부모와 아이의 마음을 연결하며,
어려움 속에서도 희망과 용기를 줍니다.

제임스 산트 James Sant, 동화, 1845

함께 성장하는 가족

부모로서 우리도 아이와 함께 성장해요.
아이의 작은 울음소리에 가슴이 철렁
내려앉고 아파했지만, 우리의 마음도
조금씩 더 단단해져 가지요. 삶의 크고
작은 일들을 함께 헤쳐 나가며 가족들 간의
사랑도 깊어지고 있어요.

알렉산더 케스터 Alexander Koester, 연못가의 여섯 마리 오리, 1908

마음 준비

아이의 즐겁고 보람찬 기관 생활을 위해 꼭
필요한 준비물이 있습니다. 바로 선생님과
배움에 대한 긍정적인 마음가짐입니다.
"선생님께서 너와 반 친구들을 위해
도와주셨구나." "오늘은 어떤 새로운 것을
배웠니?"

니콜라이 보그다노프-벨스키 Nikolai Bogdanov-Belsky, 사과 과수원에서의 차

11 NOVEMBER

붉은 단풍과 황금빛 은행나무가
아름다운 가을입니다.
우리 아이들이 부쩍 자라고,
더 단단해졌어요.
모두 당신 덕분입니다.

칼 칼센 **Carl Carlsen**, 가을의 숲속 산책, 1892

February

28

올바름

'친구 같은 부모'라는 표현에는 함정이
있습니다. 부모와 자식의 관계는 친구와
다르며, 부모는 아이에게 규칙과 경계를
설정하고 올바른 행동을 가르쳐야 합니다.
아이는 성숙한 어른으로부터 안정감 있는
지도를 기대합니다.

찰스 코트니 커런 Charles Courtney Curran, 큰 기대, 1897

다시 해보는 거야

거칠고 험한 세상에 당당히 맞설 힘.
그것은 바로 수없이 거듭한 '나의 선택'에서
비롯됩니다. 아이에게 기회를 주세요.
작은 경험 하나하나가 모여 훗날 인생의 큰
갈림길에서도 흔들리지 않는 단단한 마음을
만들어 줄 테니까요.

조지 셰리던 놀스 George Sheridan Knowles, 페리에서 기다리기, 1911

February

29

인생의 그림

때론 완벽하지 않은 붓질,
실수로 번진 물감 자국마저도
특별한 의미를 갖습니다.
그 모든 것이
우리 삶의 진실한 순간들을
담아내니까요.
거칠게 덧칠한 부분,
여러 번 지우고 그려낸 선,
심지어 빈 공간까지도
모두 우리 삶의 한 장면들입니다.

프레데리크 바질 Frédéric Bazille, 작은 정원사, 1866

October

30

자기 효능감

자기 효능감은 스스로 일을 잘 해낼 수 있다는
믿음입니다. 비슷한 상황의 다른 친구들을
보면서 '나도 할 수 있겠는데!' 생각하는 경험
또한 도움이 됩니다. 주변의 긍정적인 말도
큰 힘이 됩니다. 스트레스를 잘 관리하고
긍정적인 기분을 유지하면 자기 효능감이
커져요.

라이트 바커 **Wright Barker**, 호수 위의 두 콜리

3 MARCH

햇살이 반짝이는 아침,
아이들은 처음 학교에 가는 길을
익히는 중입니다.
신호등 초록 불이 켜지면 건너도 좋아요.
온 마을 사람이 우리 병아리들의
귀여운 등굣길을 지켜보고 있어요.

율리우스 쾨커르트 Julius Köckert, 배를 타고 가는 풍경, 약 1865년

따뜻한 말

"내 도움이 필요하면 말해 줘"와 같은 따뜻한
말은 하루아침에 형성되지 않습니다. 부모가
먼저 실천하고, 아이의 요청에 귀 기울여
도와주면 아이도 이를 보고 배워 친구들에게
실천하게 됩니다.

루이즈 카트린 브레슬로 Louise Catherine Breslau, 거울 앞의 여성 아네트 외스타린드 , 1904

신뢰를 배우도록

선생님의 모습을 긍정적으로 표현해 주세요.
"선생님은 마음이 참 따뜻한 분이셔." 선생님은
부모님과 함께 '아이의 성장'을 돕고 협력하며
함께하는 동반자입니다. 그 믿음을 바탕으로
아이는 사회에서 신뢰를 형성하는 법을 스스로
배운답니다.

세자르 파탱 César Pattein, 젊은 예술가들, 1902

October

28

잘 자라고 있어요

꽃들이 각기 다른 시기에 피어나듯, 아이들도
저마다 다른 속도로 성장합니다. 어떤 아이는
일찍 재능을 드러내고, 어떤 아이는 시간이
지나야 빛을 발합니다. 느리게 성장하는 듯
보여도 그 과정에서 단단한 뿌리를 내리고
있음을 믿어야 합니다.

에밀 클라우스 **Emile Claus**, 5월의 꽃 정원

March

2

자신감 키우기

스스로 용기를 주는 말들을 반복해 자신감을
키워주세요.
어려운 숙제를 할 때 "나는 할 수 있어!"
말하도록 해보세요. 이런 말들은 작은
마법처럼 아이의 마음을 단단하게 만듭니다.

프란체스코 비네아 Francesco Vinea, 피렌체의 봄

도전의 씨앗

"다시 시작해보자."라는 말은 도전정신이라는
씨앗을 심습니다. 이 씨앗은 실패를
두려워하지 않고 새로운 것에 도전하는 용기를
키워줍니다. "넌 왜 이것밖에 못 해?"라는 말은
자기 의심이라는 뾰족한 가시덤불을 만듭니다.
이는 아이의 자존감을 찌르고, 도전을
두려워하게 만들죠.

올리세 카푸토 Ulisse Caputo, 열린 창가에서 책 읽는 젊은 여성

March

3

누구나 실수할 수 있단다

어른들도 낯선 환경에 가면 실수하거나 틀릴
수 있어요. 아이들은 더욱 그렇고요.
이럴 때는 다정하게 말해 주세요.
"안 해보던 거라서 어려울 수 있어"
"누구나 실수할 수 있어. 다음에는 더 잘할 수
있단다."

앙리 비바 Henri Biva, 화창한 오후의 낚시

잘했어요

어른이 보기엔 아무리 쉽고 간단한
일이라도, 아이들에겐 달라요.
스스로 해내면 잘했다고 아낌없이
칭찬해 주세요.
"오늘처럼만 계속 해 줘."
"정리 정돈 이렇게 잘하는걸!"
"약속을 잘 지켜줘 고마워."

윌리엄 메리트 체이스 William Merritt Chase, 첫 번째 가을의 느낌

March

4

메모 습관

아이가 할 일을 미루지 않게 하려면,
집안 잘 보이는 곳이나 수첩에 목표를 적어
두세요.
O △ X 스스로 체크하게 해 주세요.
시작은 '영단어 5개 익히기', '부모님 앞에서
소리내어 책 읽기'이지만, 점차 앞으로의
삶에서 더 어려운 과제도 스스로 해내게 될
거예요.

아서 턴불 힐 Arthur Turnbull Hill, 구름의 그림자, 1911

인내심 기르기

유아기가 끝나는 7살부터는 아이에게 기관
생활에서 해야 할 일들을 가르쳐야 해요.
아이의 의사만을 기준으로 하기보다는,
수업 시간에 반드시 집중해야 한다는
걸 알려주세요. 이런 교육은 학습뿐만
아니라 인내심과 자기 조절력을 기르는데
필수적입니다.

폴린 폰 쿠델카-슈메를링 Pauline von Koudelka-Schmerling, 그리스 꽃병에 담긴 큰 꽃다발, 1836

5

친구를 만나는 일

친구를 사귀는 일에도 아이만의 개성과
발달 속도를 존중해 주세요. "책이 지금은
너에게 가장 좋은 친구구나." "친구를 빨리
사귀는 사람도 있고, 몇 달이 걸리는 사람도
있어." 물론 부모님도 가끔 조바심이 날 때가
있겠지만 "언제라도 마음이 맞는 친구가
생기면 꼭 이야기해 줄래?" 하고 말해 주세요.

칼 마스만 Carl Massmann, 어린이들의 원무

October

24

느리고 깊게

아이의 호기심이 쉽게 집중되지 않는 모습에
부모들이 걱정합니다. 주의 집중력은 학습과
성장의 중요한 열쇠이지만, 하루아침에
이루어지지 않습니다. 스마트폰과 TV의
자극을 줄이고, 자연 속에서 곤충 관찰이나
식물 키우기 같은 섬세한 활동을 함께
해보세요.

윌리엄 헴슬리 William Hemsley, 죽

6

가끔은 "안 돼!"

가끔은 아이에게 "안 돼"라고 단호하게 말해
주세요. 자기 조절력과 사회성을 키우는
첫걸음이 됩니다.

"수업 시간엔 돌아다니면 안 돼."

"차례를 기다려야 하는 거야."

"친구 허락 없이 물건을 가져가면 안 돼."

"식사 시간 전에는 과자를 먹어선 안 돼."

그러면 아이가 판단력과 절제력을 배웁니다.

소피 앤더슨 Sophie Anderson, 가장 친한 친구들

에코익 대화법

존댓말을 처음 배우는 아이에게 에코익^{Echoic}
대화를 적용하는 것은 효과적입니다. 아이가
"아빠가 사줬어"라고 말했을 때, 부모는
"아빠가 사주셨어요?"라고 아이가 한 말을
존댓말로 바르게 바꾸어 반복해 주세요.
아이는 자연스럽게 존댓말을 익힐 수 있어요.

칼 라르손 **Carl Larsson**, 브리타와 거울 이미지, **1895**

7

교육이란

"교육은 인생의 준비가 아니다.
교육은 인생 그 자체다."
우리는 종종 교육을, 미래를 위한 준비
과정으로만 여깁니다. 하지만 그건 너무나
좁은 시각입니다. 교육은 단순히 졸업장을
얻거나 취직을 위한 수단이 아니니까요.
교육은 세상을 바라보는 눈을 넓히며, 우리
자신을 더 깊이 이해하게 만드는 과정입니다.

피에르-오귀스트 르누아르 Pierre-Auguste Renoir, 1890

22

지속적 성장

아이들은 매일매일의 경험을 통해 새로운
연결을 만듭니다. 반복되는 경험으로 그
연결을 더욱 강하게 만듭니다. 우리는 종종
언어나 악기 등을 배우는 '골든 타임'이나
'결정적 시기'에만 집착하지만, 실제로
중요한 것은 평생에 걸친 지속적인 노력과
관심입니다.

존 콜리어 John Collier, 소나티나, 1883

일상의 소중함

여러분의 손길 하나하나가 아이의 삶에 깊은
의미를 새기고 있습니다.
아침에 깨워주는 부드러운 목소리, 따뜻한
포옹, 하루를 마친 후의 따뜻한 말들… 이 모든
순간이 아이의 마음속에 사랑과 안정감을
줍니다. 사소한 일상의 작은 순간들이 아이의
인생에 가장 귀한 양분이 된답니다.

세자르 파탱 César Pattein, 사과 팔아요

October

21

아빠, 사랑해요

아빠는 우리 삶의 기둥이자 버팀목입니다.
때로는 거리감이나 오해가 있었지만,
그를 떠올리면 감정이 북받칩니다. 어린
시절 그 의미를 몰랐지만, 이제 삶의 깊이를
이해하게 되었습니다. "아빠"라는 말만
들어도 가슴이 먹먹해져요.

월터 크레인 Walter Crane, 유목 농장, 1905

자존감

"내 기분은 내가 결정해!"
어떤 상황에서도 '내 안의 기분만큼은 스스로
선택할 수 있다'는 힘은 큰 위안이 될 수
있습니다.
그 마음가짐이라면, 아무리 밖에서 비바람이
몰아치더라도 휩쓸리지 않고 자신을 지켜낼 수
있다는 것과도 같은 말이니까요.

클로드 모네 Claude Monet, 강풍, 1881

관심과 열정

아이들의 꿈은 자주 변하지만, 그 변화를
응원하는 것이 중요합니다. "우주비행사라니
멋진 도전이야!" 또는 "요리사가 되고 싶구나,
네 요리는 꿀맛일 거야!"와 같이 격려해 주세요.
꿈은 멀리 있지 않아요. 아이의 관심과 열정이
그들의 특별한 미래를 그리는 첫걸음이
됩니다.

아서 존 엘슬리 Arthur John Elsley, 새 드레스, 1912

March

10

사랑은 지지입니다

육아는 끝없는 인내와 사랑의 여정입니다.
밤늦게까지 울며 보채는 아이를 달래고,
처음 걸음마를 뗄 때 넘어질까 조마조마한
마음으로 지켜보며, 작은 성취에도 온 마음을
다해 기뻐해 주는 사랑과 지지.
아이가 세상에 당당히 맞설 수 있는 용기와
자신감의 바탕이 될 거예요.

앨런 터커 Allen Tucker, 해안가 따라, 1913

조용한 지지

아이가 힘들어할 때, 그 곁에서 조용히
들어주는 것만으로도 큰 힘을 얻습니다.
부모의 눈빛 속에서 느껴지는 지지와 사랑은
어떤 말보다도 강력한 메시지를 전달하니까요.
"너는 혼자가 아니야, 나는 항상 너의 이야기를
듣고 있어"라는 마음이 담겨 있단 걸 아니까요.

베르나르 부테 드 몽벨 Bernard Boutet de Monvel, 실비와 그녀의 개 샴페인

성장의 순간

잠시 멈춰 서서 아이를 보면 놀라운 기적들이
보입니다. 아이가 처음으로 'ㄹ'자를 또박또박
바르게 쓴 날, 혼자 신발을 신고 뿌듯해하던
순간, 친구와 다툼 후 마음을 나누고 화해한
이야기….
이런 작은 순간들이 모여 우리 아이의 인생을
더욱 영글게 빚어갑니다.

빅토르 가브리엘 길베르 Victor Gabriel Gilbert, 고양이와 젊은 소녀

October

18

부모가 되는 중

완벽한 부모란 없어요. 우리는 그저
매 순간 나름의 최선을 다할 뿐이죠.
때로는 실수하고 후회하지만, 그 모든
과정이 우리를 성장시키는 중이에요.

빅토르 가브리엘 길베르 Victor Gabriel Gilbert, 꽃다발을 만드는 꽃 장수

부지런함

준비물 챙기기, 숙제 스스로 하기, 맡은
일을 책임감 있게 해내기 등 어릴 때의
근면한 습관이 아이의 평생을 좌우합니다.
반면, 미루는 습관이 반복되면, 자주 실패를
경험하게 되고, 그만큼 자신에 대한 부정적인
평가로 이어집니다.
어린 시절의 부지런함이 평생의 단단한 기초
토대가 되지요.

앙리-쥘-장 제프루아 Henri-Jules-Jean Geoffroy, 화가의 작업실에서

오늘의 성장

아이의 성장 비결은 오늘 하루에 있습니다.
과제를 차근차근 해결하며 느끼는 쾌감과
약속을 지키는 믿음, 어려움을 극복하는
인내와 끈기, 그리고 느리지만 꾸준히
발전하는 실력이 아이에게 큰 자산이 됩니다.

다리오 드 레고요스 **Darío de Regoyos**, 판코르보:지나는 기차, 1901

March

13

배려해 주세요

아이 선생님과의 원만한 관계를 위해서는
기본적인 에티켓을 지키는 일이 중요합니다.
업무 시간 지나서는 급한 일이 아니면,
연락하지 않는 것이 기본입니다.
최상의 컨디션과 더 여유 있는 마음은
서로 간의 배려에서 나올 수 있을 테니까요.

프랑수아 브뤼네리 François Brunery, 티타임

선생님을 응원해요

교사들에게 믿음과 지지가 필요한
시점입니다. 그들의 헌신과 노력을 인정하고
함께 문제를 해결하려는 자세가 중요합니다.
사회가 교사들에게 따뜻한 시선과 응원을
보내어 다시 힘을 낼 수 있도록 해야 합니다.

블라디미르 예고로비치 마코프스키 Vladimir Egorovich Makovsky, 놀이하는 아이들, 1890

14

행감바 아이스크림

자신이 바라는 바를 정확히 전달할 수 있게
도와주세요. 행감바 아이스크림을 기억하고
대화에 응용해 보세요. 가족 간에는 물론,
아이의 친구 관계에도 큰 도움이 될 거예요.

행(행동) : 네가 내 이름 대신 별명을 불러서

감(감정) : 속상해. 기분이 안 좋아.

바(바라는 바) : 내 이름을 똑바로 불러
　　　　　　　주었으면 좋겠어.

빅토르 가브리엘 길베르 Victor Gabriel Gilbert, 오늘의 아이스크림

15

벽을 통과하기

삶에서 우리는 때때로 높고 단단한 벽을
마주하게 됩니다. 아이들이 꿈과 열정을
가로막는 벽을 어떻게 대할지 가르치는
것이 중요합니다. 벽의 존재를 인식하고,
인내심을 가지고 허물거나 창의적으로
우회하는 방법을 배워야 합니다. 때로는
그 벽이 사실 마음속에만 존재했음을
깨닫게 해야 합니다

빅토르 가브리엘 길베르 Victor Gabriel Gilbert, 센강 강가의 상인들, 파리

March

15

감사 일기

하루가 끝나갈 때, 아이와 함께 하루를
돌아보며 감사 일기를 써보세요.
"미세먼지가 걷혀 야외 활동을 할 수 있어
기뻤어."
"오늘도 함께한 시간이 정말 즐거웠어."
"같이 요리할 때 도와줘서 정말 고마웠어."
이 습관이 아이에게 긍정적인 마음과 일상에서
행복을 찾는 법을 알려줄 거예요.

존 프레더릭 켄셋 John Frederick Kensett, 석양 하늘, 1872

감정교육의 중요성

아이의 짜증에 부모가 숙제를 포기하게
둔다면, 아이는 그런 행동이 효과적이라고
학습합니다. 반면, 부모가 공감하며 적절히
대응하면 아이는 문제를 해결하는 방법을
배우게 됩니다. 이러한 경험은 아이의
감정 표현과 행동 패턴에 긍정적인 변화를
불러옵니다.

프란시스코 데 고야 Francisco de Goya, 빅토르 귀, 1810

돌봄의 힘

아이가 태어난 후부터 하루 24시간 쉴 틈 없이
아이를 돌보고,
자나 깨나 아이 걱정이 끝나지 않았죠.
하지만 그런 당신의 사랑과 돌봄 덕분에,
아이는 세상이 안전하다고 믿게 돼요.
부모의 품속에서 듬뿍 받은 사랑으로,
세상을 두려워하지 않고 당당히 살아갈 힘을
얻게 되죠.

알프레드 시슬리 Alfred Sisley, 1880

October

13

당연한 의문

"육아와 일을 잘하고 있나?"라는 질문이 매일
나를 괴롭힙니다. 바쁜 일상에서 내가 선택한
길이 맞는지 의문이 드는 순간이 많습니다.
아이와의 시간과 직장에서의 책임을 모두 잘
해내고 싶지만, 현실은 쉽지 않습니다. 집에
돌아와 아이의 눈빛을 보며 힘을 내지만,
여전히 불안이 스쳐 지나갑니다. 모두 다
그렇답니다.

에르네스트-앙주 듀에즈 Ernest-Ange Duez, 멜랑콜리

March

17

약속을 잘 지키는 사람

때로는 아주 간단한 일이 누군가에겐 큰
도움이 되고, 좋은 인상을 심어주지요.
아이의 가정통신문, 체험학습 신청서 및
보고서 등을 미리미리 챙겨주세요.
내 아이가 '약속을 잘 지키는 사람'으로
성장합니다.

빅토르 가브리엘 길베르 Victor Gabriel Gilbert, 신문 읽기

12

지혜로운 양육

"사탕 그만 먹어." "젤리는 건강에 나쁘니
먹으면 안 돼." 아이들에게 해로운 간식을
뺏기보다는 눈에 덜 띄게 하고, 대신 건강한
간식을 눈에 잘 보이게 배치하세요. TV나 게임
시간을 제한하려면 리모컨을 숨기고 책장을
눈에 띄게 놓아 아이들이 자연스럽게 관심을
두도록 환경을 조성하는 것이 중요합니다.

빅토르 가브리엘 길베르 Victor Gabriel Gilbert, 과일 판매원

March
18

관계의 묘약

용기 있는 사람만이 자기 잘못을 인정하고
사과할 수 있다고 하죠. 인사약, 이 묘약은
가족 간에는 물론, 아이의 친구 관계에도
큰 도움이 될 거예요.

인(인정) : 네가 만들기 하는데, 내가 장난쳐서

사(사과) : 집중도 안 되고 화가 났지? 미안해.

약(약속) : 앞으로는 장난치거나 방해하지

　　　　않을게.

존 조지 브라운 John George Brown, 가만히 있어, 1889

October

11

부모라는 특권

어제의 아이와 오늘의 아이는 다릅니다.
부모는 그 미세한 변화를 발견하는 특권을
누리며, 매일 아이의 성장을 지켜보는
기쁨을 경험합니다. 이 과정에서 부모도
함께 성장하게 됩니다.

알렉산더 카를로비치 베그로프 Alexander Karlovich Beggrov, 낮 베네치아, 1905

19

다르다는 특별함

내 아이가 수업 집중은 잘하는지, 친구 관계는
어떤지, 공부 실력이 뒤처지지는 않는지
불안하신가요?
모든 아이는 각자 고유의 속도와 방식으로
성장합니다. 상대와의 비교로 결정되지
않는다는 걸 기억해 주세요.

에두아르트 가르트너 Eduard Gaertner, 웨스트팔 씨 가족의 온실, 1836

October

10

거울 뉴런

거울 뉴런은 아이들이 부모의 행동을 모방하게
하는 뇌의 능력입니다. 책임감과 감정 조절을
가르치려면, 부모가 먼저 약속을 지키고
침착하게 행동해야 합니다. 아이는 이를 통해
자연스럽게 배우게 됩니다.

찰스 마틴 하디 Charles Martin Hardie, 스튜디오의 거울

스스로 계획표

아이에게 하루 일정을 스스로 계획해 보도록
해보세요. 언제 놀이터에서 놀고 숙제할지,
어떤 책을 읽을지 아이 스스로 결정하게요.
자신의 시간을 어떻게 분배하고 우선순위를
정하는지 배우게 될 거예요. 나아가 자기
주도적인 학습 능력과 시간 관리 능력까지
터득하게 되지요.

윈슬로 호머 Winslow Homer, 네잎클로버, 1873

특별한 빛

어떤 아이는 축구를 잘하고, 어떤 아이는
피아노를 멋지게 연주하죠. 중요한 건
자신만의 빛나는 부분을 발견하고 그것을
소중히 여기는 법을 배우는 것입니다.

아서 윌리엄 데비스 Arthur William Devis, 에밀리와 조지 메이슨

가장 중요한 관계

아이 친구 엄마, 가깝고도 먼 그 이름.
사돈처럼 지내라는 조언, 한 번쯤은 들어봤을
거예요.
'교류 없이 지내다 나만 정보가 부족하면
어쩌지!', '아이의 친구 관계에 영향이 있으면
어쩌지!' 막연한 불안감이나 걱정 대신,
아이와 속이 꽉 찬 양질의 시간을 가져보는 건
어떨까요?

한스 달 Hans Dahl, 들판의 소녀, 뜨개질 중, 1879

사랑을 전하는 방법

때로는 말없이 건네는 따뜻한 미소로,
때로는 진심 어린 포옹으로, 혹은
작은 선물이나 도움의 손길로 사랑을
표현합니다. 그 방법이 무엇이든, 진심을
담아 전하는 사랑은 받는 이의 마음에
스며들어 또 다른 사랑의 씨앗이 됩니다.

에밀 뮈니에 Émile Munier, 어린 소녀와 고양이, 1882

22

공감하는 마음

친구의 다정한 눈빛, 말없이 건네는 따뜻한
손길. 어려움에 처한 이를 외면하지 않는 용기,
먼저 다가가 "괜찮아?"라고 묻는 작은 목소리.
이것은 우리가 아이들의 마음 밭에 심고 싶은
가장 귀중한 씨앗입니다.
타인의 아픔에 공감하고 도움의 손길을 먼저
내밀도록 도와주세요.

알버트 린치 **Albert Lynch**, 티타임

October

7

노력의 결실

아이에게 좋은 기기나 악기를 주기보다,
충분한 연습 후에 선물하는 것이 좋습니다.
자신의 노력으로 얻은 것이기에 그 가치를 더
잘 이해하게 되지요.
부모의 교육 철학이 아이의 잠재력과 사랑을
키우는 데 중요합니다.

안헬 사라가 *Ángel Zárraga*, 바이올린과 정물, 1919

대화의 소중함

육아에서 가장 중요한 건 아이와 자주 눈을
맞추고 대화하는 것입니다.
오늘도 아이의 이야기에 귀 기울이며 새로운
세상을 발견해 보세요.
"친구들을 만나면 무슨 놀이를 할까요?"
"장난감들이 지금 뭐라고 말을 하나요?"

피에르-오귀스트 르누아르 Pierre-Auguste Renoir, 1895-1896

6

성장을 보는 기쁨

'언제 이렇게 많이 컸을까?' 부쩍 자란 아이를
볼 때마다 가슴이 벅차오릅니다. 한 음절씩
더듬거리며 말을 배우던 모습이 눈에 선한데,
자기 생각을 표현하기까지 합니다. 우리의
모든 순간이 보석처럼 빛납니다.

엘렌 켄달 베이커 Ellen Kendall Baker, 젊은 예술가, 1885

March

24

아기자기 예쁜 날

배 속에서 꿈틀대던 내 아이가 '젤리곰'이 된
날은 잊을 수 없는 날입니다.
초음파 영상을 보며 '우리 꼬물이, 개똥이,
열무, 바다, 대박이, 딱풀이…?'
귀염뽀짝 태명을 부르던 시간.
인생에서 이렇게 아기자기한 날들은 손에
꼽히지 않을까요?

메리 카사트 Mary Cassatt, 아기 앤을 위한 키스, 1897

꿈을 응원해요

아이들의 순수한 웃음은 세상의 모든
아름다움을 담고 있습니다.
연약한 새싹을 보살피듯,
따뜻한 햇살과 시원한 바람처럼
아이들의 꿈을 응원해 주세요.

요한 빅토르 크레머 Johann Victor Krämer, 초원에서 어머니와 아이

25

음악의 마법

일과 육아 중 힘든 순간을 이겨낼 수 있게 해
주는 나만의 음악 플레이리스트가 있나요?
믿어 보세요, 음악이 주는 마법 같은 힘을요.
나만을 위한 선곡으로 에너지를 충전하고,
수고한 나 자신을 토닥여 주세요.

보이치에흐 바이스Wojciech Weiss, 정원에서의 이레나 초상화, 화가의 아내, 1917

진정한 용기

우리는 타인에게 강한 모습만 보여주고
싶어 합니다. 하지만 때론 그 갑옷을 벗고
솔직한 마음을 드러내는 것이 진정한 용기일
수 있습니다. 힘든 순간을 인정하면서 강한
사람으로 성장하게 됩니다.

루이 티츠 Louis Titz, 브뤼헤의 부두, 1911

26

너를 보는 행복

아이의 웃음소리, 그 자체로 행복입니다.
크고 대단한 무언가를 이루지 않아도
괜찮아요.
아이와 함께한 솜사탕 같은 하루
품 안에 쏙 들어오는 포옹, 그것만으로
충분해요.

찰스 아타미안 Charles Atamian, 해변에서 노는 아이들

인생의 방정식

인생은 계획대로 흘러가지 않으며,
예상치 못한 순간들이 우리 일부가 됩니다.
완벽한 부모도, 완벽한 커리어도 없습니다.
난관과 굴곡을 헤쳐 나가면 어느덧 우리는
강해지고 세상을 보는 안목이 넓어질
것입니다.

빅토르 가브리엘 길베르 Victor Gabriel Gilbert, 파리, 데자르 다리의 꽃 장수

27

가치 있는 사람

오늘도 많이 힘들었죠?
당신의 마음속에는 강한 힘과 의지가 있어요.
당신은 그 누구보다 아이와 가족에게 없어서는
안 될 소중한 존재이지요.
힘들어도 지금 해내고 있는 일의 가치를
의심하지 마세요.

프레더릭 칼 프리제케 Frederick Carl Frieseke, 정원에서의 아침 식사, 1916

2

감탄해 주세요

아이의 작은 발견에 함께 놀라워하고,
사소한 기쁨에 진심으로 공감해 주세요.
그 모습은 아이의 마음속에 각인돼
평생 동안 보석처럼 반짝일 거예요.

알베르트 에델펠트 Albert Edelfelt, 칸의 발코니에서 아내와 에밀리 본 에터, 1891

28

우리 모두 토닥토닥

아이가 예쁜 짓을 하면 엉덩이를 토닥토닥
두드려 주세요. 유난히 피곤해 보이는 아빠의
어깨를 토닥토닥 해 주세요. 엄마가 우울할 땐
아빠가 토닥토닥…
온 가족이 토닥토닥 아껴주고 사랑해 주세요.

제임스 제부사 샤넌 James Jebusa Shannon, 봄, 1896

평범하지만 특별한 일상

아이와 함께 보내는 평범한 일상이 실은
얼마나 특별한지 아시나요?
그 소소한 순간들이 모여 먼 훗날,
아이의 인생에서 가장 빛나는 보물이 될
거예요.

카미유 피사로 Camille Pissarro, 창가에서, 트루아 프레르 거리 1878-79

보석 같은 말

선생님들의 조언 한마디는 소중해요.
그 속에는 수많은 밤을 지새우며 연구한 교육
이론과, 수백 수천 명의 아이들을 만나며 쌓은
경험이 녹아 있으니까요.
때로는 엄하게, 때로는 따뜻하게 건네는
말 한마디가 아이의 인생을 바꾼답니다.

안나 보베르크 Anna Boberg, 산. 노르웨이 북부의 연구

10 OCTOBER

10월의 어느 멋진 날에 누구와
무엇을 할 계획인가요?
사랑하는 사람들과 보내는
가장 찬란한 시간을
놓치지 마세요.

윌리엄 메리트 포스트 William Merritt Post, 가을 풍경

30

지켜보는 마음

부모가 유능하거나, 집안이 부유해서 부족함이
없으면 좋을 것 같지만 자녀 교육의 실상은
다르답니다. 오히려 반대인 경우, 아이는
스스로 문제를 해결해 볼 수 있는 중요한
기회를 얻게 되죠.
아이의 성장 과정을 이해하고 조용히 격려해
주세요.
그편이 훨씬 더 유리할 수 있어요. 아이가 자기
능력을 믿고 맘껏 발휘할 테니까요.

잉에보르그 에게르츠 Ingeborg Eggertz, 벚꽃

다르다는 특별함

다르다는 것은 지극히 자연스러운 일입니다.
우리 각자는 모두 다른 모습과 다른 생각을
갖고 있어요. 그 차이가 우리를 더 특별하게
만듭니다. 차별 없이 친구를 대하도록
도와주세요.

유제니오 잠피기Eugenio Zampighi, 깃털 친구

March

31

너를 응원해

우리는 매일 말의 씨앗을 뿌리고 있어요.
그 씨앗이 아이의 마음속에서 어떻게
자라날까요? 그 아이가 어떤 세상을 만들어
갈지 상상해 보세요. 조금이라도 더 따뜻하고
지혜로운 말을 선택해야 합니다. 말하기
쑥스러우면 쪽지도 좋아요.
"엄마, 아빠는 항상 너를 응원하고 있단다."

헤르만 괴벨 Hermann Goebel, 장미정원, 1912

September

30

균형 있는 교육

좋은 교육을 위해서는 특정한 생각에
치우치지 않아야 합니다. 기술을 중시한다고
아날로그 활동을 무시하거나, 사랑을 강조해
훈육을 소홀히 하며, 지식 교육을 기초학력
강화와 분리해서는 안 됩니다. 모든 요소는
상호 보완적이며, 균형 있는 접근이
필요합니다.

윌리엄 메리트 체이스 William Merritt Chase, 롱아일랜드 시니콕에서 꽃 모으기, 약 1897

4 APRIL

알록달록한 꽃도 화사하지만
나뭇잎의 빛깔이 다채로운 계절입니다.
연두, 초록, 올리브그린, 민트그린…
오늘 산책길에선
어떤 빛깔과 마주칠까요?

프리드리히 바스만 Friedrich Wasmann, 이탈리아 물가 풍경 1835

29

스스로 선택하기

어떤 책을 읽을지, 무슨 놀이를 할지 스스로
결정하면서 아이들은 매 순간 자신이
좋아하는 것과 흥미로운 것들을 알아갑니다.
이러한 선택의 순간들은 아이들에게
자신을 이해하는 데 도움을 줄 뿐만 아니라,
세상과의 관계를 맺는 중요한 발판이 됩니다.
스스로 선택한 경험은 아이들에게 자신감과
자율성을 심어주며, 성장을 위한 큰 힘이
되거든요.

호아킨 소로야 Joaquín Sorolla, 모자를 쓴 소년, 하베아

고맙습니다

당신은 지금 세상에서
가장 값진 일을 하고 있습니다.
한 사람의 인생을 만들어 가는 일,
그보다 더 위대하고 아름다운 일이
어디 있을까요?
그 노력과 헌신에 깊은 존경과
감사를 보냅니다.

칼 라르손 Carl Larsson, 요정, 1899

양보하는 마음

양보는 친구를 배려하는 마음입니다. 내가
먼저 양보하면, 서로 더 행복해지고 따뜻한
관계를 만들 수 있습니다. 먼저 양보하는
아이가 도덕성이 강한 아이로 자라납니다.

칼 몰 Carl Moll, 도블링 비엔나

April

2

마음속의 꽃

세상의 모든 아름다움을 가르쳐 줄 수 있는
시간. 아이의 작은 손을 잡고, 하늘에서 내리는
꽃잎을 함께 올려다봐요.
이 봄날의 추억이 우리 가족의 마음속에
영원히 피어날 거예요.

헨리 로더릭 뉴먼 Henry Roderick Newman, 벚꽃 교토, 1898

내일의 가능성

오늘 넘어졌다고 내일도 넘어지리란 법은
없습니다. 어제의 실패가 오늘의 나를 더
강하게 만들었듯이, 오늘의 도전이 내일의
나를 빛나게 할 씨앗이 됩니다. 그러니
주저하지 말고 다시 일어서는 용기를
가지세요. 확실한 건, 내일은 오늘의 선택에
따라 반드시 달라질 수 있단 것이니까요.

빅토르 가브리엘 길베르 Victor Gabriel Gilbert, 꽃을 파는 사람

April

3

오늘은 행복한 날

봄 햇살 아래 바람이 속삭이는 따스한 오후
아이의 웃음소리가 들려요.
푸른 잔디 위에 앉아 하늘을 올려다보면,
구름이 두둥실 흘러가요.
시간이 멈춘 듯 평화로운 이 순간.

아드리앵 모로 Adrien Moreau, 벚꽃 아래, 1881

26

용기의 모델링

아이들이 발표, 자전거 타기, 영어 등 처음
시도하는 일에 겁낼 때, 또래의 도전 모습은
큰 영감과 용기를 줍니다. 다른 사람의 행동을
관찰하고 모방하는 모델링 과정이 이루어지며,
이를 통해 자신감을 얻습니다. 아이들이
두려움 없이 새로운 시도를 할 수 있도록
용기를 북돋아 주세요.

브리턴 리비에르 Briton Riviere, 의무 교육, 1887

언어의 세계

"내가 사용하는 언어의 한계는 내가 사는
세상의 한계를 규정한다."
부모로서 우리는 늘 깨어있어야 합니다.
우리가 사용하는 모든 말들이 아이의 세계를
만들고 있습니다.
'불가능'을 '가능'으로, '두려움'을 '용기'로,
'포기'를 '도전'으로 대화를 바꿔 가는 노력을
해보세요.

데이비드 존슨 David Johnson, 노로톤 근처 코네티컷, 1875

함께하는 교육

교육이 순항하기 위해서는 다양한 손길이
필요합니다. 교사는 항해사로서 중요한
역할을 하며, 부모의 협력은 학습 의욕과
올바른 습관 형성에 큰 도움이 됩니다.
특별한 도움이 필요한 아이들에게는
전문기관의 지원이 필요하며, 이러한
접근은 교육의 새로운 상식이 되어야
합니다. 교육은 혼자의 힘이 아닌 모두의
여정임을 잊지 말아야 합니다.

피츠 헨리 레인 Fitz Henry Lane, 안개 속의 배, 글로스터 항구, 약 1860경

5

느끼고 배우고 나누는 사랑

우리는 엄마의 따스한 품에서 처음 사랑을
느끼고, 할머니의 손길에서 무조건적인 사랑을
배웠습니다. 연인에서 가족으로 이어지는 깊은
사랑, 친구와 나누는 밝은 웃음 속 사랑까지,
우리는 살아가면서 다양한 형태의 사랑을
경험합니다. 이렇게 배우고 느낀 사랑을 다시
세상 곳곳에 나누며 살아갑니다.

한스 올데 Hans Olde, 사과나무 아래의 여성과 아이들, 1895

24

성공의 기억

'글쓰기를 못 해요'라고 생각하는 아이에게
"마음에 드는 글이 없었니?"라고 물어보세요.
아이가 그런 경험이 없다고 하면, "지난번
네가 쓴 독서감상문에서 주인공의 상황을
잘 이해하고 진솔하게 표현했어!"라고 작은
성공을 상기시켜 주세요. 이는 아이에게
새로운 시각과 자신감을 주고, 긍정적인
배움의 태도를 형성하는 데 도움이 됩니다.

드 스콧 에반스 De Scott Evans, 사랑의 편지

책 읽는 습관

독서는 앉아서 하는 여행이고,
여행은 걸어 다니면서 하는 독서라고 합니다.
매일 밤 책을 읽는 작은 습관이 아이의 미래를
바꿀 수 있습니다. 독서는 견문을 넓혀주고
새로운 것을 배우는 즐거움, 상상하고
생각하는 힘을 키워줍니다. 잠자기 전
그림책을 읽어주세요.

비고 페데르센 Viggo Pedersen, 1888

23

고유한 리듬

우리는 같은 세상을 바라보지만, 느끼는
방식은 다릅니다. 어떤 이는 외부의 소리에 귀
기울이며 에너지를 얻고, 다른 이는 내면에서
평화를 찾습니다. 이 경계는 종이 한 장처럼
얇아, 모두가 균형을 잡으며 살아갑니다.
아이들도 각자의 고유한 리듬으로 세상과
소통하고 성장하니, 그 방식을 존중하고
기다려 주세요.

콩스탕트 트로용 Constant Troyon, 풀밭의 소들

나의 엄마

'엄마'라는 이름. 그 짧은 두 글자가 가슴을
파고들 때가 있습니다. 어느 날 문득, 엄마를
떠올리면 목이 메어오니까요. 엄마의 주름진
손, 희끗희끗한 머리카락, 그리고 늘 걱정
가득한 눈빛이 선명히 떠오릅니다. 지금, 이
순간에도 어딘가에서 나와 우리 가족을 위해
기도하고 있을 우리 엄마.

에드바르 뭉크 Edvard Munch, 어머니와 딸

September

22

생각을 키우는 질문

아이가 자신의 마음을 스스로 들여다보고
생각할 수 있도록 질문해 주세요.
"너는 어떻게 말(행동)했지?"
"왜 그랬을까?"
"앞으로는 어떻게 하면 좋을까?"
열린 질문은 아이의 생각을 키우고, 문제
해결 능력을 키우는 데에도 큰 도움이
되니까요.

알렉산더 알트만 Alexander Altmann, 햇빛이 비치는 정원, 1919

먼저 실천하기

아이들은 어른들을 보고 배우며 성장합니다.
아이들에게 배움의 가치를 전하기 위해서는,
내가 먼저 그 가치를 실천해야 합니다.
서로를 존중하고, 긍정적인 태도로 삶을
대하며, 매 순간을 소중히 여기고 가꾸어 가는
모습 그 자체로 아이들에게 세상에서 가장 큰
교훈이 될 거예요.

모리스 드니 Maurice Denis, 도미의 첫걸음

September

21

부모의 역할

아이들을 세상의 틀에 맞추기보다는 그들의
순수한 시선으로 세상을 바라보아야 합니다.
부모의 역할은 '가르치는' 것이 아니라,
아이들의 순수성을 지켜주고 편견과
고정관념으로부터 보호하는 것입니다.

빅토르 가브리엘 길베르 Victor Gabriel Gilbert, 어린이 밴드

나는 사랑받고 있다

최고, 1등, 100점만 칭찬받는 분위기라면,
아무리 잘하는 아이도 '난 부족해서 사랑받기
힘들구나'라고 생각하게 돼요. "실수해도
괜찮아", 노력하는 과정이 훨씬 더 소중하다고
알려주세요.
태어나줘서 고맙다고 자주 말해 주세요.
사랑한다고 더 자주 말해 주세요.
그러면 아이는 '나는 사랑받을 만한
사람이야'라고, 믿게 되니까요.

에밀 뮈니에 Émile Munier, 놀이 시간, 1886

September

20

정신적인 성장

책장을 넘기면서 아이들은 주인공들과 함께
성장합니다. "저 친구의 마음은 어떨까?"
등의 질문을 통해 상상력을 자극하고 세상을
바라보는 눈을 키우죠. 매 페이지 새로운
깨달음과 따뜻한 위로가 담겨 있어, 책을
덮은 후에도 그 여운이 오래도록 남습니다.

펙카 할로넨 **Pekka Halonen**, 책을 읽는 아이들, 1916

사소한 질문하기

"왜 물은 끓으면 김이 나올까?"; "양파를 썰
때 눈물이 나는 이유는 뭘까?" 이런 일상의
사소한 질문들로 호기심을 자극하고, 함께
답을 찾는 교육은 과학적 사고를 길러줄 수
있습니다. 가장 효과적인 방법입니다.

루트비히 블룸-지베르트 Ludwig Blume-Siebert, 1870~1890

지도를 배워요

동네를 걸으며 주요 건물과 길을 알려주면,
자연스럽게 지도를 읽는 법을 가르칠 수
있어요. 이 과정은 아이가 주변 환경을
이해하고 탐색하는 데 도움이 됩니다.
"여기서 왼쪽으로 가면 학교, 그다음
공원으로 갈 수 있어." 스마트폰이나
내비게이션을 활용해 경로를 찾는 법도
가르쳐주세요. 기술 활용 능력을 키워줄 수
있어요.

월터 프레더릭 **Walter Frederick**, 닭에게 먹이를 주는 모습

April

11

작은 관찰자

아이의 눈동자에 비치는 세상은 우리가 만들어
가는 모습 그대로입니다. 아이들은 부모의
말과 행동을 거울처럼 비추며 자라납니다.
부모가 가족과 이웃에게 보여주는 작은 친절,
포기하지 않는 꾸준한 노력, 따뜻한 미소
하나하나를 아이들이 보고 배웁니다.

작가 미상, 꽃을 사랑하는 이, 1850

September

18

현재의 소중함

지금의 모습 그대로 자신과 아이, 가족을
아끼고 사랑해 주세요. 더 나은 모습을
추구하는 부담감에 지치기 쉬우나, 현재의
당신은 충분히 아름답고 소중합니다.
당신의 웃음, 따스한 마음, 걸어온 길
모두가 의미 있습니다.

사이어 조슈아 레이놀즈 Sir Joshua Reynolds, 윌리엄 콩그리브의 '사랑을 위한 사랑'에서 미스 프루로 연기하는 미세스 애빙턴, 1771

12

만족지연

원하는 대로 모두 가질 수 있는 환경에서 사는
아이는 정말 행복할까요?
이러한 환경은 아이에게 '만족지연'이라는 중요한
능력을 배우는 데 독이 됩니다. '만족지연'은 당장의
유혹이나 즉각적인 보상 대신, 미래의 장기적인
성공과 의미 있는 목표를 위해 인내할 수 있는
능력을 의미합니다. 공부의 어려움에 직면했을
때, 인생에서 벽을 만나거나, 실패를 극복해야 할
때도, 회복력, 자기 통제력, 인내심을 발휘하기
어려워집니다.

에토레 티토 Ettore Tito, 아이들, 1901

자연 속의 꿈

자연 속에서 아이들은 마음껏 꿈을 펼칩니다.
높이 솟은 나무를 보며 크고 강해질 자기
모습을 그려보고, 하늘을 나는 새를 보며
자유를 꿈꿉니다. 작은 개미가 무거운 것을
나르는 모습에서 노력의 가치를 배우고, 꽃이
피어나는 과정을 보며 인내와 성장의 의미를
깨닫죠.

게자 페스케 *Géza Peske*, 여름 초원에서 돌팔매를 들고 있는 두 소년

April

13

강점 목록

우리 아이만의 강점 목록을 만들어 보세요.

"유머 감각이 뛰어난 네 모습이 정말 멋져."

"인사를 참 잘하는구나. 넌 예의 바른 아이야."

"친구들을 대하는 배려심에 감동했어."

"긍정적인 태도로 작은 일에도 감사하는

마음을 아끼지 않는 모습이 정말 훌륭해."

루이 프랑 Louis Prang, 첫 음악 수업

나를 향한 질문

삶은 항상 새로운 가능성으로 가득하지만,
이를 변화로 이끌기는 쉽지 않습니다.
따라서 자신에게 던지는 질문이 중요합니다.
내가 진정 원하는 것이 무엇인지, 현재에
만족하는지, 삶이 나를 행복하게 하는지,
불만족스러운 점은 무엇인지 깊이 고민해야
합니다.

토마스 모란 Thomas Moran, 옐로스톤 대협곡 위의 무지개, 1900

진심에서 우러난 마음

공부도 결국 마음이 합니다.
공부는 단순히 지식을 쌓는 것이 아니라, 삶을
배우는 모든 경험의 총합이니까요.
진정한 배움은 마음에서 우러나오는 호기심과
열정으로 이루어지며, 그 과정에서 우리는
꿈을 키워 나가며 성장합니다.
마음을 다해 배우는 순간, 지식은 삶의 지혜로
변하고, 우리는 더 나은 내일을 향해 나아갈
힘을 얻게 됩니다.

칼 라르손 Carl Larsson, 편지 쓰기, 1912

아름다운 순간들

아이와 함께 웃고 있는 당신의 모습이 얼마나
아름다운지 아세요? 그 진실한 감정들이
아이에게는 가장 값진 인생 수업이 되고
있어요. 아이를 키우는 일에 정답은 없어요.
자신을 믿으세요. 당신은 충분히 잘하고
있답니다.

에른스트 파이어 **Ernst Payer**, 민들레를 들고 있는 소녀

15

칭찬과 인정

'역시'라는 말에는 마법 같은 힘이 있어요.
"역시 우리 딸, 아들이 최고야!"
"역시 우리 남편밖에 없어! 사랑해"
아이를 변화시키는 건 가장 사랑하는 가족,
그중에서도
부모의 칭찬과 인정일 거예요. 잊지 마세요!

테오도르 젬플레니 Teodor Zemplényi, 초원에서, 1895–1890

재능의 세계

다중지능은 아이들이 다양한 재능과
잠재력을 지니고 있음을 보여줍니다. 말하기,
수리, 음악, 신체, 미술, 대인관계, 자기 이해,
자연 관찰 등 여러 능력이 존재하지만, 모든
아이가 같은 능력을 갖춘 것은 아닙니다.
서로 다른 재능이 어우러져 세상을 풍요롭게
만들며, 아이들의 꿈과 가능성을 믿고
격려하는 것이 그들의 행복한 미래를 여는
열쇠가 됩니다.

빅토르 가브리엘 길베르 Victor Gabriel Gilbert, 디에프 카지노에서의 어린이 춤 리사이틀

April

16

순수한 열정

우리는 때때로 모르는 사이에 아이가 갖고
있는 순수한 열정을 잠재워 버립니다.
아이를 '선물'이라는 미끼로 유인하지 마세요.
스티커 한 장, 사탕 하나로 아이의 마음을
설득하려고 하면 안 됩니다. 책 속 이야기가
아닌, 그 뒤에 숨은 보상만을 바라보게 된다면
어느 날 아이의 손에 들려 있던 책이 더 이상
보이지 않을 수도 있어요.

마테이 스테르넨 Matej Sternen, 책 읽는 소녀, 1900

September

13

잘 성장할 수 있도록

아이에게 현재 능력을 초과하는 과제를
주는 것은 걸음마 배우는 아이에게
달리기를 요구하는 것과 같습니다. 이는
좌절감을 주고 학습 흥미를 잃게 할 수
있습니다. 아이가 자신의 속도로 성장할
수 있도록 환경을 조성하고, 현재 모습을
인정하며 다음 단계로 나아가도록
따뜻하게 격려해 주세요.

애봇 폴러 그레이브스 Abbott Fuller Graves, 테라스에서

April

17

강인한 당신

끝없는 책임과 기대 속에서 숨이 막힐 것 같은
순간들, 그 누구에게도 털어놓지 못한 채 혼자
삭이는 고단함. 매일 아침 눈을 뜨는 것조차
버거울 때가 있죠.
때로는 비틀거리고, 속절없이 무너져 내려도
다시 일어나 한 걸음 한 걸음 나아갑니다.
우리는 영웅이 아닌, 그저 자신의 하루를
묵묵히 살아내는 평범하지만 강인한 존재일
테니까요.

프레더릭 저드 워 Frederick Judd Waugh, 떠오르는 달, 1926

September

12

감정의 안전지대

감정 조절은 단순히 감정을 억누르는 게
아니에요. "울지 마"라고 말하는 대신, 오히려
자신의 감정에 솔직해질 수 있는 안전한
환경을 만들어 주세요.

카스파르 다비드 프리드리히 Caspar David Friedrich, 창가의 여성, 1822

April

18

화가 지나가는 시간

화는 나쁜 감정이 아니에요. 오히려
자연스러운 일이죠. 하지만 어떻게
표현하느냐는 무척 중요합니다. 특히 아이
앞에서는요. 솟구치는 화를 15초만 참아 일단
멈추고Stop, 생각한 다음Think 선택Choose하는
거지요. 억지로 참는다기보단, 그 시간이
지나가기를 기다린다고 하죠. 아이 역시 보고
배울 테니, 충분히 가치 있는 기다림일 거예요.

알베르 에델펠트 **Albert Edelfelt**, 배에 있는 여성, **1886**

지금 모습 그대로

아이는 비교의 대상이 아닙니다. 그저
사랑받아야 할 존재일 뿐입니다. 당신의
아이를, 그저 있는 그대로 사랑해 주세요.

빅토르 가브리엘 길베르 Victor Gabriel Gilbert, 그의 첫 우산

자연과의 교감

상큼한 봄바람이 불어오면 과수원에 가서
딸기도 직접 따보고, 여름날 풀숲에서 들리는
풀벌레 소리도 들어보고, 가을의 풍성한
들판에서 촉촉한 흙을 맨발로 밟아보고,
눈 오는 겨울날엔 눈사람 아저씨도 함께
만들어봐요. 자연과의 교감이 아이들의 감각을
깨워줘요.

요한 틸 Johann Till, 작은 거위 소녀

10

애정의 시선으로

선생님들은 교실에서 아이들의 상호작용과
학습 과정의 강점과 약점을 관찰하며,
아이의 발달 단계와 개선점을 파악합니다.
그러나 가정에서 부모만이 볼 수 있는 성장
과정과 감정 상태도 중요합니다. 부모의 애정
어린 시선과 교사의 전문적인 관찰은 서로
보완되어야 합니다.

에밀 뮈니에 **Émile Munier**, 아침식사, **1880**

나를 위한 서비스

하루 대부분을 아이와 함께 보내다 보면,
때론 나 자신을 잃어버린 것 같은 기분이
듭니다. 하지만 그 와중에도 작은 순간들을
통해 나만의 시간을 찾고 활력을 되찾을 수
있습니다. 아이가 낮잠 자는 짧은 시간 동안
좋아하는 음악을 들으며 커피 한 잔하거나
하루 5분씩 명상하기, 잠들기 전 10페이지씩
책 읽기처럼 실천할 수 있는 목표로 시작해
보세요.

풀밭에 누운 여성, 피에르-오귀스트 르누아르 Pierre-Auguste Renoir, 1899

성장의 과정

우리 아이들의 마음은 유리처럼 섬세하기도
하지만, 때로는 고무공처럼 탄성도 있습니다.
친구와의 다툼이나 새로운 환경 적응 등
다양한 경험이 아이들을 흔들리게 하지만,
그 과정에서 점점 강해지고 지혜로워집니다.
우리의 따뜻한 보살핌과 사랑이 함께한다면,
아이들은 어떤 어려움도 이겨낼 힘을 키울
것입니다.

헤르미네 문쉬 **Hermine Munsch**, 소년 초상

21

감정의 주인은 아이

아무리 좋은 말이라도 도움이 되지 않을 때가
있습니다. 나쁜 건 잊어버리라거나 걱정하지
말라는 말은 아이에게 떨쳐버리기 어려운
일이니까요. 감정의 주인은 아이입니다.
"그런 생각은 접어두라" 대신 "그럴 수
있겠다"라며 격하게 공감해 주세요. "아빠
엄마도 어릴 때 그런 적 있었어. 걱정될 수
있지. 다른 친구들도 마찬가지일 거야."

알베르토 플라 루비오 Alberto Plá Rubio, 들판의 소녀

일기 쓰기

일기 쓰기는 경험과 감정을 기록하며 생각을
정리하고 긍정적인 순간을 되새기는 데
도움을 줍니다. 이를 통해 하루의 작은 기적을
발견하고 그 소중함을 깨닫게 됩니다. 특히,
아이의 특별한 순간들을 기록하면 나중에 더욱
깊이 그 가치를 느낄 수 있습니다.

요제프 슈미츠베르거 Josef Schmitzberger, 사슴 새끼

천천히 가요

육아는 마라톤이에요. 때로는 천천히 걷고,
때로는 쉬어가면서 우리만의 페이스로 가요.
목표는 그저 아이와 함께 행복한 시간을
보내는 거예요. 당신의 노력이 지금 당장
보이지 않더라도 괜찮아요.
아이의 마음속에 차곡차곡 쌓이고 있답니다.

윈슬로 호머 Winslow Homer, 따뜻한 오후, 1878

September

7

뿌리 깊은 나무가 되도록

자기 자신을 사랑하는 아이는 뿌리가 튼튼한
나무와 같습니다. 어려운 상황에서도 쉽게
흔들리지 않고, 스스로 위로하며 건강한
관계를 형성합니다. 이런 아이는 자연스럽게
성장하며, 자신을 이해하고 사랑하는 법을
배워 놀라운 발전을 이룹니다.

알베르트 로엘로프스 **Albert Roelofs**, 정원에서 꽃에 물을 주는 예술가의 딸 알베르틴, 1911

실패도 경험

부모는 아이를 위해 무엇이든 해 주고
싶지만, 때로는 부족함이 넘침보다 나을
때가 많습니다. 쉽게 욕구가 채워지는 것은
아이에게 해가 될 수 있습니다.
작은 실패와 좌절은 도전과 성취감을 통해
자립적이고 책임감 있는 사람으로 성장하는 데
필요한 경험이 됩니다.

제시 윌콕스 스미스 Jessie Willcox Smith, 작은 정원사

September

6

변화의 시작

변화는 작은 것에서 시작됩니다. 오늘
하루 타인의 시선에서 벗어나 내 마음의
소리에 귀 기울여 보세요. SNS 확인을
멈추고 창밖의 햇살을 느끼며 깊은숨을
들이쉬며 나를 위한 하루를 시작합니다.
가족과의 소소한 일상에 집중하면
마음이 가벼워지고, 진정한 행복과
원하는 삶에 대해 천천히 생각해 보세요.

다니엘 에르난데스 모리요 Daniel Hernández Morillo, 게으른 여자, 1906

지혜가 필요해요

교육에도 마라톤처럼 완급 조절이 필요함을
알면서도 다른 아이들에 휘둘리기 쉽습니다.
잘못된 길임을 알게 되면 후회가 남습니다.
아이가 소화하지 못하는 걸 알면서 학원에
보내기도 합니다. 그러면 독서할 시간만
빼앗아 공부에 대한 흥미를 영영 잃게 됩니다.
아이의 건강한 성장을 위해 부모의 지혜가
필요해요.

시어도어 얼 버틀러 Theodore Earl Butler, 레몬이 있는 정물화, 1895

September

5

잠재력

많은 부모가 자녀의 재능을 학업 성적이나
특정 기술에 한정 짓지만, 아이들은 다양한
분야에서 잠재력을 발휘합니다. 친구와의 소통
능력이나 자연과의 교감에서도 특별한 재능을
보여줄 수 있으니, 부모가 원하는 재능이
아니더라도 실망하지 마세요.

브루노 릴예포르스 Bruno Liljefors, 꽃이 만발한 초원 위의 고양이, 1887

25

공감 능력 기르기

슬픔, 분노, 실망 같은 감정은 우리 자신과
주변 세상에 대해 더 깊이 이해할 수 있게
도와줍니다.

"네 마음을 솔직히 말해줘서 고마워"

"네가 슬플 때 나도 슬프고, 네가 기뻐할 때
나도 기뻐"

감정을 있는 그대로 인정해 주면 아이가
자신뿐만 아니라 다른 사람들의 감정에도
공감할 수 있는 능력을 배운답니다.

드바 포상 Debat-Ponsan, 소들 에두아르 베르나르

September

4

오늘의 시간

아이 키우는 일은 힘들지만, 지금의 순간은
금세 지나갈 것입니다. 언젠가는 "그때
더 예뻐해 주고 안아줄걸"이라는 추억이
그리워질 테니, 오늘의 시간을 최대한
즐기시기를 바랍니다.

메리 카사트 **Mary Cassatt**, 어머니와 아이, **1884-1894**

스킨쉽의 중요성

심리학자 해리 할로우는 '원숭이 애착 실험'을
했어요.
새끼 원숭이 4마리 모두가 젖병을 가진
철사인형 엄마에게선 먹이만 먹고,
부드럽고 따뜻한 헝겊인형 엄마 옆에서
떨어지지 않았던 거죠.
서로를 안아주고 어루만져 주는 것은 정말
중요한 일이에요.

레옹 프레데리크 Léon Frédéric, 1904

작은 관심

여러분의 따뜻한 말 한마디, 다정한 눈빛
하나가 아이의 자존감을 키우고 있어요.
그 작은 관심과 애정이 아이의 인생을
바꾸는 큰 힘이 된답니다.

클로드 모네 Claude Monet, 포르빌의 안개 낀 아침, 1882

용기의 날개

우리 삶은 모험 소설 같습니다. 매 페이지를
넘길 때마다 우리는 알 수 없는 세계로
발을 내디디니까요. 그것은 때로 두렵고
불확실하지만, 동시에 흥미진진한 기대감으로
설레게 합니다. 우리 아이들이 자유롭게
훨훨 날 수 있도록 용기와 자신감의 날개를
달아주어야 합니다.
실패를 두려워하지 않고 도전할 수 있도록요.

에드워드 헨리 포타스트 Edward Henry Potthast, 항해하러 가는 숭, 약 1924

에너지를 찾는 시간

육아는 힘들고 지치는 일이지만, 때때로
해방감이 필요합니다. 아이가 잠들거나
친정에 맡길 때, 유치원 후의 고요함에서
느끼는 해방감은 새로운 에너지를
제공합니다.
이러한 짧은 휴식은 다시 아이에게
돌아갈 힘을 줍니다.

프레더릭 칼 프리제케 Frederick Carl Frieseke, 실내 소파에 앉아 있는 여성, 1912-14

28

작은 진심이 빛날 때

진정한 사랑은 일상의 작은 순간들 속에서
빛을 발합니다. 쉼 없이 잠투정하며 우는
아이를 따뜻하게 안아주는 마음, 지친
표정으로 돌아온 가족에게 건네는 따뜻한 말
한마디, 바쁜 와중에도 부모님께 드리는 짧은
안부 전화. 이런 작은 진심들이 모여 우리 삶을
사랑으로 채워갑니다.

보이치에흐 바이스 Wojciech Weiss, 예술가의 부모, 1913

희망의 교실

매일 아침 일찍 불을 밝히는 교실. 그곳에서
선생님들은 아이들의 미래를 위해 하루를
준비합니다. 칠판 위에 쓰는 글자 하나하나에
사랑과 열정을 담고, 수업 자료 한 장 한 장에
세상을 살아가는 지혜를 담고, 교과서 페이지
사이 사이에 희망의 씨앗을 심습니다.

자크-에밀 블랑쉬 Jacques-Émile Blanche, 책 읽는 여성

함께 기도해요

가족을 위해 함께 기도해요.
아이는 기도 시간에 가족을 사랑하는 마음을
배웁니다.
함께 손을 모으고 한 명 한 명 가족들의 이름을
불러보세요. 모두가 건강하고 평온하기를 비는
마음이 곧 사랑입니다. 더 나아가 이웃을 위해
기도하면 아이는 평화를 사랑하고 베풀 줄
아는 인격을 갖게 될 거예요.

알베르트 에델펠트 Albert Edelfelt, 1886, 조각가 빌레 발그렌과 그의 아내

9 SEPTEMBER

아침저녁으로 선선한 바람이
불어오고 있어요.
따뜻한 차 한 잔과 좋아하는 음악을 들으며
잠시 명상의 시간을 가져보세요.
기분 좋은 생각이 날 거예요.

암브로지 사바토프스키 Ambrozy Sabatowski, 맑은 가을, 1921

April

30

긍정의 말

"약속 시간에 늦어서 망쳤어" "넌 어려서 안
돼" "이건 불가능한 일이야"와 같은 부정적인
표현은 삼가세요. 대신 "빨리 가면 시간 안에
도착할 수 있을 거야" "어른이 되면 마음껏
할 수 있단다" "어려워 보이지만 도전해
볼까?"와 같은 긍정적인 말을 해 주어야
합니다. 이렇게 해야 도전 정신과 용기를 키울
수 있습니다.

호아킨 소로야 Joaquín Sorolla, 돛을 꿰매는 중, 1896

친구를 사귈 때

친구를 사귀는 과정은 아이들이 감정을
표현하고 타인을 이해하는 소중한 기회입니다.
기관 생활을 시작한 아이들은 믿을 만한
친구를 통해 안전함과 소속감을 느끼며,
진정한 우정의 가치를 알고 건강한 관계를
맺도록 응원해 주세요.

구스타프 클림트 Gustav Klimt, 카머 성으로 가는 길, 1912

5 MAY

오월의 하루를 너와 함께 하고 싶다.
오로지 서로에게 사무친 채
향기로운 꽃잎들이 늘어선 불꽃 사이로
하얀 재스민 흐드러지게 핀 곳까지
걷고 싶다.

_라이너 마리아 릴케(Rainer Maria Rilke)

엘리자베스 폰 아이켄 Elisabeth von Eicken, 봄

30

할 수 있단다

영유아기 부모의 안정 애착은 학령기 아이의
자율성과 독립적 성장의 기반이 됩니다.
부모의 따뜻한 격려와 지지는 아이가 새로운
도전에 자신감을 갖고 나아갈 수 있도록
돕습니다. "너는 할 수 있어, 언제나 네 곁에
있을게."라는 메시지를 꾸준히 전달해 주세요.

안토니오 델레 베도베 Antonio delle Vedove, 기니피그와 포도 바구니

나를 응원해요

아이와의 평범한 일상이 때로는 초라하게
느껴질 수 있어요. 육아는 화려하지 않고
소박하며, 에너지를 소진하게 만드는
일이니까요. 더 관대한 시선으로 자신을
바라보세요. 이미 충분히 잘하고 있으니,
스스로를 어루만지고 응원해 주세요.
오늘 하루도 정말 수고하셨습니다.

안톤 돌 Anton Doll, 구름 낀 하늘 아래 포드

선생님을 응원해요

선생님들이 기쁨과 보람을 느끼며 교육 활동을
할 수 있도록 돕는 것은, 우리 아이와 친구들
모두의 소중한 배움의 시간을 지키는 중요한
일이에요. 학생들은 안전한 교육 환경에서
배울 권리가 있으니까요. 따뜻하게 지켜봐
주세요. 선생님과 학생이 함께 웃고 성장하는
따뜻한 교실을 함께 만들어 갈 수 있도록
응원하면서요.

존 조지 브라운 John George Brown, 사과주 공장, 1880

2

따뜻한 기억 효과

부모의 말과 행동, 사소한 눈빛까지 아이의
마음에 깊이 새겨집니다. 온화한 말 한마디는
아이를 감싸 안고, 사랑이 담긴 눈빛은
안온함을 선사합니다. 아이는 부모를 통해
세상을 배우고 자신을 이해합니다. 자기가
받은 사랑을 기억하고 다시 누군가에게 전할
수 있도록 도와주세요.

샤를-뤼시앵 레앙드르 Charles-Lucien Léandre, 예술가의 조카들 초상

흔들리지 않는 나무

아이를 키우는 과정은 꽃밭뿐 아니라 돌밭도
있는 여정입니다. 훈육은 어려운 과정이지만,
아이가 세상의 질서를 이해하고 타인을
존중하도록 돕습니다. 우리의 일관된 사랑과
인내는 아이에게 단단한 뿌리가 되어, 어려움
속에서도 흔들리지 않는 큰 나무로 자라게 할
것입니다.

한스 달 Hans Dahl, 피오르드 풍경 속의 소녀

May

3

행복을 만들어요

가족 앞에서 행복을 바로 제조하는 방법
알려드려요. 물통이나 유리병 3개와 초록,
노란, 빨간 물감만 준비해 두세요. 뚜껑에 색깔
물감을 묻혀 살짝만 굳혀두세요. 그런 다음,
가족들의 콧김을 모으고, 주문을 외며 물병을
흔들어 보세요.
초록 병은 행운 Luckiness,
노란 병은 행복 Happiness,
빨간 병은 사랑 Love.
당신은 이미 마법사입니다.

빅토르 타르디유 Victor Tardieu, 카렌과 장이 읽는 모습, **1902**

우리 곁에 머문 사랑

때로는 사랑이 눈에 보이지 않는다고 느낄
때도 있습니다. 하지만 우리가 조금만 마음의
눈을 열면, 주변의 모든 것에서 사랑을 발견할
수 있습니다. '아이의 천진난만한 웃음소리',
'노부부의 주름진 손을 맞잡은 모습', '힘들 때
누군가 건네는 작은 위로의 말'에서 사랑이
언제나 우리 곁에 머물고 있단 걸 깨닫게 되죠.

알베르 기욤 Albert Guillaume, 결혼식 날

순수의 빛

어른들의 마음속에는 여전히 아이가 살아
숨 쉽니다. 아빠의 큰 양복을 입고 어른인
척했던 순간, 엄마의 립스틱을 몰래 발라보던
그 순간을 기억하나요?
그때 우리는 단순히 어른을 흉내 내는 것이
아니었어요. 어른이 되면 어떤 모습일지
상상하며 꿈꾸곤 했죠. 순수함이 우리의 삶을
더욱 빛나게 합니다.

앙리-쥘-장 조프루아 Henri-Jules-Jean Geoffroy, 상의 날, 1898

August

26

지금 잘하고 있어요

아이를 키우면서 때론 길을 잃은 듯한 느낌이
들 때도 있겠지만, 당신은 이미 옳은 길을
가고 있습니다. 완벽한 부모란 없어요. 다만
아이를 향한 무한한 사랑과 이해, 그리고 함께
성장하고자 하는 의지가 있을 뿐이죠. 당신의
진심 어린 노력이 아이에게는 가장 큰 선물이
됩니다.

빅토르 가브리엘 길베르 Victor Gabriel Gilbert, 마들렌의 꽃 시장: 선택의 곤란

고마움을 표현하세요

"네가 있어서 정말 고마워"라고 말하는 순간,
그 사람은 자신의 존재가 얼마나 소중한지
깨닫게 될 것입니다.
이런 말들은 단순한 위로 이상의 힘을 가지고
있죠. 오늘, 서로의 마음을 따뜻하게 이어주는
다리를 만들어 보세요.

앙리 르바스크 Henri Lebasque, 라니의 라른, 1905-1906

꾸준한 진심

사랑은 화려한 언어나 거창한 행동이 아닌,
꾸준함과 진심에서 나옵니다. 매일 아침
가족을 위해 준비하는 식사, 힘들 때 말없이
곁을 지켜주는 친구, 실수해도 변함없이
응원해 주는 동료. 이런 소소하지만, 진실한
마음들이 우리의 일상을 따뜻하게 만듭니다.

부르크하르트 플루리 Burkhard Flury, 고양이 가족

May

6

당신이 주인공입니다

아이를 키우는 일은 마치 한 편의 아름다운
이야기를 써 내려가는 것과 같죠.
매일매일 새로운 장이 열리고, 그 안에는 웃음,
눈물, 기쁨과 걱정이 가득합니다.
서로를 사랑하고 지지하며 함께하는 이 과정은
인생의 가장 소중한 보물 같은 시간입니다.

에드먼드 찰스 타벨 Edmund Charles Tarbell, 배에 있는 어머니와 아이, 1892

긍정적인 한 마디

"네가 동생과 장난감을 나눠 쓰는 모습이 정말
자랑스러워. 그렇게 배려하는 모습 최고야."
"숙제를 끝까지 혼자서 해낸 걸 보니, 네가
얼마나 책임감 강한 아이인지 알 수 있어."
아이의 노력에 대한 긍정적인 말 한마디가
아이의 마음 깊이 스며들어, 올바른 길로
향하는 나침반이 됩니다

메리 카사트 **Mary Cassatt**, 해변에서 노는 아이들, **1884**

평범한 날의 소중함

평범한 날들이 얼마나 소중한지, 우리는 종종
잊고 지냅니다.
아침에 눈 떠 가족의 얼굴을 보며 인사 나누는
순간, 맛있는 음식을 나눠 먹는 순간, 잠자리
책을 함께 읽는 순간. 대단하지 않아도 우리가
진정 소중하게 여겨야 할 것들은 이런 날들의
조각들이에요.

허버트 제임스 드레이퍼 Herbert James Draper, 사랑스러운 장미야! 그녀에게 전해줘, 그녀와 나의 시간을 낭비한다고….

천천히 걸어가요

인생은 정해진 트랙 위의 경주가 아닙니다.
우리는 종종 남들과 비교하며 조바심을
냅니다. 하지만 남들보다 빨리 걷는다고 해서,
더 멋진 곳에 도착하는 것은 아닙니다. 오늘의
실수와 후회도, 기쁨과 성취감도 모두 소중한
한 페이지를 장식할 거예요.

클로드 모네 Claude Monet, 버드나무 아래 앉아 있는 여성, 1880

부모님의 사랑

오늘은 부모님의 사랑을 되새기는 날입니다.
부모가 되니 더 부모님 생각이 애틋해지지요.
아이를 키우는 일은 예상했던 것보다 훨씬
더 크고 깊은 사랑이 필요한 일이니까요.
우리가 지금의 우리로 성장하기까지 부모님이
감당하셨던 그 삶의 무게를 이제는 조금이나마
이해할 수 있어요.

칼 라르손 Carl Larsson, 어머니, 1983

객관적 시각

부모의 눈에는 아이에 대한 깊은 사랑이
가득하지만, 때로는 객관적인 시각이
흐려질 수 있습니다. 부모의 애정 어린
시선과 교사의 객관적인 관찰이 만나면,
우리는 아이를 더욱 온전히 이해하고
지원할 수 있습니다.

블라디슬라프 포드코비인스키 Władysław Podkowiński, 정원의 아이들, 1892

단순함

육아와 일상의 스트레스에 지칠 때면, 우리는
종종 해결책을 먼 곳에서 찾습니다. 하지만
실은 가장 단순한 방법이 가장 효과적일 수
있어요. 공원을 달리거나, 음악에 맞춰 춤을
추는 순간, 우리의 마음도 가벼워지는 것을
느낄 수 있죠. 건강한 몸뿐만 아니라 마음을
만드는 이 시간이, 우리 가정의 행복을 지키는
작지만, 강력한 방패가 되어줄 거예요.

월터 그랜빌-스미스 Walter Granville-Smith, 봄, 1913

21

언제나 네 편

"우리는 언제나 네 편이야. 네가 태어난
순간부터 지금까지, 앞으로도 영원히 우리의
사랑은 변하지 않을 거야."
우리 삶의 가장 큰 축복인 아이들, 사랑의
힘으로 아이는 세상 그 어떤 어려움에도
굴하지 않고, 자신의 꿈을 향해 담대하게
나아갈 용기를 얻게 될 거예요.

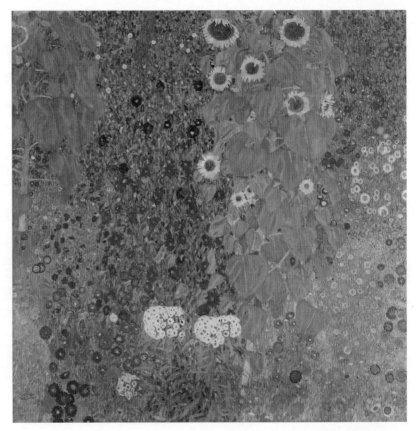

구스타프 클림트 Gustav Klimt, 시골집 정원, 1905-1907

May

10

새로운 가능성

우리는 종종 계획을 세우고, 그 계획에 따라
삶을 꾸려가려고 합니다.
하지만 그 계획이 무너질 때, 예상치 못했던
길로 나아가게 될 때, 오히려 우리는 새로운
가능성과 마주하게 됩니다.

부르크하르트 플루리 Burkhard Flury, 과일이 있는 정물화

모든 순간

인생은 완벽한 직선이 아닙니다.
굽이굽이 돌아가는 강물처럼, 우리의
삶도 꼭 그렇습니다. 때론 빠르게,
혹은 천천히, 또 때로는 제자리에
머무는 듯해도 그 모든 순간이 우리를
빚어갑니다.

뉴턴 림버드 스미스 필딩 Newton Limbird Smith Fielding, 연못의 오리들, 1833

11

그 자체로 최고

아이의 가치는 결코 숫자로 매길 수 없습니다.
세상은 점수, 등수는 물론 키나 몸무게도 상위
퍼센트를 따지죠. 하다못해 이젠 SNS 팔로워
수까지. "넌 그냥 너여서 예뻐, 네가 되어줘서
고마워." 꼭 무언가가 되지 않더라도 괜찮다는
말. 아이들도, 어른들도 모두 필요한 얘기
아닐까요?

윌리엄 제임스 글래컨스 William James Glackens, 산책로, 1927

글쓰기의 마술

글쓰기는 아이의 마음을 비치는 거울입니다.
펜을 들고 감정을 표현하며, 아이는
잔잔하거나 거친 감정의 바다를 항해하고
따뜻한 마음과 기쁨을 발견합니다. 이러한
순간을 글로 남기고 다시 읽으며 성장하는
것은 아이에게 귀중한 선물이 됩니다.
글쓰기를 통해 아이는 자신을 이해하고 세상과
소통하는 방법을 배우게 됩니다.

에르네스트-앙주 듀에즈 Ernest-Ange Duez, 절벽 위에서

12

행복한 기억으로

아이가 하기 싫어하는 걸 하게 하려면,
그 시간을 즐겁고 행복하게 기억하도록 해
주세요.
"목욕하자."보다는 "향기 나는 거품을 만드는
입욕제를 함께 골라볼까?"
"도서관 다녀오면서 먹는 아이스크림이
얼마나 맛있는데!" 아이 입가에 자연스레
미소가 떠오르면, 반은 성공입니다.

아서 존 엘슬리 **Arthur John Elsley**, 아기 목욕 시간

섬세하게 말하기

"너와 함께하는 시간이 가장 행복해" 우리의
한마디가 아이의 마음속 정원을 가꾸고
있습니다. 무심코 한 말이 상처가 될 수 있고,
작은 격려가 평생 큰 힘이 됩니다. 따라서
우리는 섬세하게 말하고, 아이들이 사랑받고
있음을 느낄 수 있도록 따뜻한 말을 해야
합니다.

에드워드 헨리 포타스트 Edward Henry Potthast, 무제

May

13

최선을 다하는 당신

하루가 24시간보다 더 길게 느껴질 때가
있습니다. 아이의 준비, 식사, 픽업, 집안 일로
숨 쉴 틈이 없죠. 일을 다시 시작하거나 작은
일들을 고민하는 마음은 단순한 돈벌이
이상일 수 있습니다. 잃어버린 나를 찾고
싶거나 세상과 연결되고 싶은 욕구, 아이에게
더 나은 환경을 제공하고 싶은 사랑이 담겨
있을 것입니다. 완벽하지 않지만, 매일 최선을
다하는 당신은 이미 대단하고 아름답습니다.

안톤 돌 Anton Doll, 강의 계곡

넘어져도 괜찮아

아이들의 마음은 연약한 새싹과 같아,
위로만 자라길 바란다면 시들 수 있습니다.
따사로운 햇살이 되어주면, 아이들은 어떤
바람에도 꺾이지 않는 튼튼한 나무로
성장합니다. "넘어져도 괜찮아, 다시
일어나면 돼"라는 지지가 성장의 거름이
되고, 함께하는 과정에서 아이는 어려움을
이겨낼 자신감과 용기를 얻게 됩니다.

유리우스 아담 주니어 Julius Adam the younger, 새끼 고양이 두 마리와 고양이 엄마 1900

May

14

인형과 담요

낡고 헤진 토끼 인형과 얼룩진 담요는 단순한
장난감이 아닙니다. 이 물건들은 우리 아이의
소중한 추억이 담겨 있습니다. 밤마다 품에
안고 잠들던 포근함, 유치원 가는 길에 꼭 쥐고
있던 안도감, 첫 웃음과 걸음마, 그리고 아팠던
눈물의 순간까지 이 작은 인형과 담요는
아이의 모든 순간을 함께 알고 있습니다.

요한 게오르크 마이어 폰 브레멘 Johann Georg Meyer von Bremen, 잘 자요 인형과 소녀, 1875

August

16

STEAM 교육

과학Science, 기술Technology, 공학Engineering, 예술Art,
수학Mathematics 등 모든 요소가 어우러져
아이들은 무한한 상상력과 창의력의 날개를
달고 세상을 향해 날아갑니다. STEAM 교육을
통해 아이들은 숨겨진 가능성을 발견하고,
꿈꾸는 세상을 아름답고 풍요롭게 변화시킬 수
있는 마법 같은 힘을 얻습니다.

윌리엄 메리트 체이스 **William Merritt Chase**, 여름 시간, 약 **1887**

May

15

감사 편지의 하모니

선생님들께 마음을 표현하고 싶다면, 감사
편지를 전해 보세요. 아이들을 위해 애써주신
노력과 시간에 대한 고마움을 전하는 것은
단순한 말 이상의 의미가 있습니다. 진심 어린
한마디가 선생님들의 마음을 따뜻하게 하고
큰 힘이 됩니다. 선생님의 열정, 아이들의 웃음,
부모님의 감사가 어우러져 멋진 하모니를
만들어 냅니다.

프레데리크 수알라크루아 **Frédéric Soulacroix**, 그녀의 음악 수업

가장 강력한 힘

부모의 따뜻한 품은 아이에게 세상에서 가장
위대한 시간을 만듭니다. 이 안에서 아이는
실패를 두려워하지 않고 도전하며, 자기
잠재력을 마음껏 펼칠 수 있게 되죠. 여러분이
주는 무조건적인 사랑과 지지는 아이의
자신감과 자아존중감을 키우는 가장 강력한
힘이 되니까요.

알베르트 에델펠트 Albert Edelfelt, 좋은 친구들, 1881

May

16

우리의 믿음

"세상은 즐거운 곳이란다. 네가 어떻게 마음을
먹느냐에 따라 꿈을 펼칠 멋진 무대가 된단다."
아이의 세상이 꿈꾸는 대로 펼쳐지기를
바랍니다. 어둡고 두려운 순간이 있더라도,
아이의 마음속 빛나는 별빛이 그 어둠을 밝힐
수 있다고 믿습니다.

헨리크 웨이센호프 Henryk Weyssenhoff, 봄

자존감

자신의 가치를 점수나 등수에 의존하지 않는
단단한 자존감을 키워주세요. "네가 얼마나
열심히 공부했는지 잘 알아. 그 노력 자체로도
진심 자랑스러워." "이번에 원하는 점수를
받지 못했구나. 어떤 부분이 어려웠니?
다음에는 어떻게 준비하면 좋을까?"

요한 게오르크 자이츠 Johann Georg Seitz, 새와 함께한 꽃 정물

May

17

너는 우주 최강이야

색연필을 꼭 쥐고 혀를 살짝 내밀며 집중하는
모습이 귀여워요.
아직은 삐뚤빼뚤한 선, 그림, 글씨지만 그 안에
담긴 노력과 열정만큼은 우주 최강일 걸요.
세상 그 무엇보다 아름답고 순수한 이 모습을
영원히 간직하고파요.

프란티셰크 드보르작 Frantisek Dvorak, 장난치는 어린 예술가, 1887

불완전한 것이 더 아름답다

우리는 종종 완벽함을 추구하며 스스로를
몰아세웁니다. 하지만 진정한 아름다움은
불완전함 속에 있습니다. 우리 모두
불완전하지만, 그래서 더욱 인간적이고
아름답습니다.

찰스 코트니 커런 Charles Courtney Curran, 여름, 1906

현명한 객관화

아이가 기관에서 겪은 일을 이야기할 때,
자녀의 감정과 경험을 존중하며 경청하는
것이 중요합니다. 그러나 아이들은 발달
특성상 잘못을 숨기거나 행동을 과장할 수
있어, 이야기를 그대로 믿기보다는 신중하게
접근해야 합니다. 교사와 다른 학생들의
입장을 듣고 상황을 전체적으로 파악하는
것이 중요하며, 면담을 통해 자녀의 행동과
그 배경을 객관적으로 살펴보는 것도 도움이
됩니다.

칼 프리드리히 보저 Karl Friedrich Boser, 쓰기 판을 가진 아이들

August

12

동심으로 돌아가요

아이의 "왜?"라는 물음에 동심을 담아
대답해 보세요.
"왜 무지개는 비가 온 후에 생겨요?"
"무지개는 비가 그친 후, 해님이 물방울에
인사를 건네며 빛의 다리를 만드는 거야.
그 다리가 바로 무지개지."

빌렘 로엘로프스 Willem Roelofs, 무지개

May

19

무럭무럭 자라요

아이가 어릴 때는 먹이고 재우는 것이
고민이지만, 성장하면서 새로운 고민이
생깁니다. 유치원 입학식에서 울먹이던 모습이
어느새 사춘기의 문턱에 서 있는 아이로 금세
변해 있을 것입니다. 한숨이 나지만, 그 속에서
함께 성장해 갑니다. 아이를 키우는 일은
끝없는 도전이자 가장 아름다운 일입니다.

존 싱어 사전트 John Singer Sargent, 양귀비

11

함께 놀아요

아이들과 놀면 우리는 순수한 마음을
되찾습니다. 해 질 녘까지 놀이터에서 함께
웃고 떠드는 시간은 단순한 놀이가 아니라,
삶의 소중함을 다시 깨닫게 해 주는 특별한
추억입니다.

호아킨 소로야 Joaquín Sorolla, 발렌시아에서의 목욕 시간, 1909

단 10분 만이라도

아이를 위해 내 나름의 최선을 다하면서도 늘
미안해하지 않나요?
하루 단 30분, 아니 10분 만이라도 눈을
맞추고 꼭 안아주세요. 부모의 체온, 따스한
눈빛, 다정한 말, 이 모두가 고스란히 전해질
테니까요.

피에르 보나르 Pierre Bonnard, 1923

단계별로 차근차근

아이가 노력하면 도달할 수 있는 적절한
수준의 과제를 제시하세요. 퍼즐처럼 단계별로
수준을 높여가요. 책이나 수학 문제도
마찬가지입니다. 목표에 도달하면 도전적인
과제를 제시해 성취감을 느끼게 하고, 이는
아이가 더 큰 도전에 흥미를 느끼는 데 도움이
됩니다.

빅토르 가브리엘 길베르 Victor Gabriel Gilbert, 꽃을 사는 양산을 든 젊은 여성

May

21

너의 모든 것이 기적

작은 모험가들의 눈부신 여정을 지켜보는 것은
우리만의 특권일 수 있어요. 아이들의 호기심
어린 눈빛, 새로운 것을 배울 때마다 번지는
미소, 다시 일어서려는 용기는 어른들에게
잊고 있던 삶의 경이로움을 일깨워 줍니다.
아이의 한 걸음 한 걸음이 모험이 되고 작은
발견 하나하나가 기적이 됩니다.

모리스 드니 **Maurice Denis**, 작은 해변과 장난감

살아가는 이유

하루의 숨 가쁜 일상에서, 문득 스마트폰을
열어 아이의 사진과 영상을 봅니다. 입꼬리가
올라가는 그 순간, 우리는 깨닫습니다.
이 작은 행복이야말로 우리가 살아가는 진정한
이유라는 것을.

게오르기우스 야코부스 요하네스 반 오스 Georgius Jacobus Johannes van Os, 정교한 꽃과 과일의 정물

작고 사소한 질문으로

아이에게 "넌 커서 뭐가 되고 싶니?"라고 묻는
것은 때로 너무 큰 질문일 수 있습니다. 대신
아이의 현재에 귀 기울이며 "요즘 어떤 것에
관심 있어?"라고 물어보세요. 이 작은 질문은
아이의 마음을 열어 주는 열쇠가 됩니다.
비행기, 공주님, 그림 그리기, 친구들과 노는 것
등 아이의 관심은 미래를 비추는 작은 별빛이
됩니다.

앙리 르바스크 Henri Lebasque, 꽃따기, 약 1900

길잡이 별

어린 시절, 우리는 누군가를 동경하며
그들의 미소와 말투를 닮고 싶어 했습니다.
"나도 저렇게 되고 싶어요." "그 사람도 이런
어려움을 겪었구나. 나도 해낼 수 있어!"
아이들의 눈빛에는 닮고 싶은 존재에 대한
반짝임이 담겨 있습니다. 그들에게 꿈과
희망을 주어 불가능해 보이는 목표를 이룰 수
있도록 도와주세요. 언젠가 그들도 누군가의
길잡이 별이 되기를 바랍니다.

빅토르 콜맨 앤더슨 Victor Coleman Anderson, 워싱턴의 생일, 1923

23

성장 마인드셋

인간의 능력과 재능은 고정된 것이 아니라,
생각과 노력에 따라 개선될 수 있습니다.
'성장 마인드셋Growth Mindset'인
"Not Yet!"(아직은 아니야, 하지만 분명 성장하고
있다는 믿음이 있다면), 나와 아이는 모든 면에서
더 나아질 수 있습니다. 말투, 성격, 습관, 성적,
일상 루틴, 교우 관계 등에서 모두 적용됩니다.

지기스문트 리기니 Sigismund Righini, 그늘 속에서, 1908

두 세계의 조화

당신의 손길 하나하나가 아이의 꿈을
키웁니다. 가정에서 배운 사랑과 책임감은
학교에서 꽃을 피우고, 학교에서의 지식은
가정에서 실천되어 삶의 지혜로 이어집니다.
이 두 세계가 조화롭게 어우러질 때, 아이는
온전한 성장을 경험합니다.

프리드리히 칼모르겐 Friedrich Kallmorgen, 학교가 끝났다, 1916

타인을 존중하는 법

'해서는 안 되는 일을 정확히 아는 것'은
아이에게 꼭 필요한 능력이 됩니다.
'내 맘대로만 해서는 안 되는구나'라는 것을
배우며, 수업 시간 40분 동안 매너를 지키고
남에게 피해를 주지 않아야 한다는 점을
이해하게 됩니다. 이를 통해 아이들은 자신과
타인의 욕구와 감정을 존중하는 법을 배우고,
세상을 더 따뜻하고 포용적인 곳으로 만드는
교육의 여정이 됩니다.

가에타노 키에리치 Gaetano Chierici, 어린 시절의 기쁨, 1878

August

6

참 예쁘다

'이쁘다'는 다정한 힘을 지니고 있습니다.
사랑을 듬뿍 받은 경험은 인생의 어려움
속에서도 용기를 줍니다. "너 참 예뻐!"라는
말로 자신과 아이들을 소중히 여기며, 온
세상을 따뜻하게 만들어 주세요. 언제든 환한
웃음으로 반겨줄 품이 있다는 것은 큰 안심이
됩니다.

존 헤이즈 John Hayes, 침입자들

May

25

자신감과 자기 가치감

'자신감'은 성취를 통해 경험되며, 시험 점수나
실력 향상, 긍정적 피드백이 그 예입니다.
반면, '자기 가치감'은 결과와 무관하게 자신의
존재를 소중히 여기고 사랑하는 마음입니다.
실패를 극복한 경험을 통해 자기 가치감을
키울 수 있으며, 이를 바탕으로 자신감을 더해
자존감을 더욱 풍성하게 완성할 수 있습니다.

윌리엄 제임스 글래컨스 William James Glackens, 정물화 프렌치 부케, 1927

일관된 태도

떼쓰는 아이 앞에서는 타협하지 마세요.
"안 된다고 한 건 안 되는 거야!"라는 일관된
태도가 필요합니다. 떼쓰기를 통해 잘못된
행동 패턴이 강화되며, 아이는 위험한 교훈을
얻게 됩니다. 아이에게 올바른 소통 방법을
가르쳐 주세요.

뉴턴 림버드 스미스 필딩 Newton Limbird Smith Fielding, 강에 내리는 오리들, 1826

발문 연습

우리 삶은 문제 해결의 연속입니다.
사전에 아이가 스스로 생각해 보도록 발문하는
것이 중요해요. 예를 들어, "미끄럼틀에서 다른
아이와 부딪치지 않으려면 어떻게 해야 할까?";
"뜨거운 음식이 나올 텐데 어떻게 대처해야
할까?"; "건널목을 건널 때 주의해야 할 점은
무엇일까?"

조지 웨슬리 벨로우스 George Wesley Bellows, 플로렌스 시트햄 데이비랜달 데이비의 부인, 1914

색색의 팔레트

아이들은 각기 고운 색깔을 가진 팔레트처럼,
이들이 모여 하나의 그림을 이룰 때 풍부한
세상을 경험합니다. 서로의 색을 존중하고
받아들이는 과정에서 아이들은 자신을
이해하고 관계 속에서 성장하게 돼요. 자신의
색깔을 지키면서 서로를 존중하는 것이 모든
아이가 돋보이는 세상을 만드는 길입니다.

요제프 첼몬스키 Jozef Chelmonski, 라지에요비체의 연못, 1898

그림책의 중요성

잠자기 전 그림책 읽기 시간은 언어 발달의
황금기를 열어 줍니다. 단순히 읽어주는
것에서 더 나아가 "다음에는 어떤 일이 일어날
것 같아?"물으면, 이야기의 맥락을 이해하고,
앞으로의 전개를 예측해 보는 과정에서 논리적
사고력과 창의력이 함께 자랍니다. "네가
주인공이라면 어떻게 했을 것 같아?"라는
질문으로 공감 능력도 키울 수 있죠.

월터 피를 **Walter Firle**, 동화

할머니의 무릎

할머니의 무릎에 앉아 주름진 손을 잡고 듣는
옛이야기는 세월의 지혜를 전해줍니다.
"옛날 옛적에…"라는 이야기는 아이를 과거로
데려가며, 이를 통해 과거의 지혜를 배우고
현재를 이해하며 미래를 꿈꿀 수 있게 합니다.

유제니오 잠피기 Eugenio Zampighi, 할머니의 이야기

May

28

보이지 않는 영웅들

이름 없는 영웅들, 무명의 선생님들.
그들의 땀과 노력이 있기에 우리의 미래는
밝습니다. 아이들의 꿈이 자라는 교실에서,
오늘도 내일도 묵묵히 교실에서 사랑을
심는 선생님들에게 감사와 존경의 마음을
전해주세요.

쥘리엣 위츠만-트뤼를레망 Juliette Wytsman-Trullemans, 뫼즈 강가의 여름, 1911

August

2

최선의 오늘

따뜻한 포옹, 귀 기울여 들어주는 시간, 함께
나누는 즐거운 순간들… 여러분의 사랑으로
자란 아이들이 훗날 더 따뜻하고 밝은 세상을
만들어 갈 거예요.
오늘 하루도 고생 많으셨어요.

앤 누니 Ann Nooney, 폐점 시간

구체적인 칭찬

잘하는 아이에게도 칭찬과 격려는 신중해야
합니다. "베토벤 되겠네" 또는 "명문대
가야겠다"는 부담으로 느껴질 수 있습니다.
대신, 노력한 과정에 대해 구체적으로
칭찬하는 것이 좋습니다. 예를 들어, "꾸준히
하더니 좋은 결과를 얻었네"; "셈여림 표현을
잘 살렸구나"; "새를 섬세하게 그렸구나"와
같은 방식으로 지지해 주세요.

반달린 스트잘레츠키 Wandalin Strzałecki, 바이올린 연주자, 1874

일상이 마법

아이의 눈으로 세상을 바라보면 평범한 일상도
마법처럼 느껴집니다. 아이들은 집의 재료로
우주 탐험이나 해적 놀이를 하며, 상상 속
친구들과 모험을 떠납니다. 이러한 기발한
생각들은 우리에게 삶의 새로운 의미를 깨닫게
하고, 평범한 순간을 특별하게 만들어 줍니다.

임레 겔게이 **Imre Gergely**, 개와 인형을 가진 아이

삶의 무늬

시간이 지날수록 우리의 삶에는 성장의 흔적인
아름다운 나이테가 새겨져 갑니다. 그 둥그런
원 하나하나가 우리를 이 자리에 있게 해 준
소중한 경험들입니다.
때로는 아픔과 슬픔으로 인해 거칠게 새겨진
나이테도 있겠지만, 그 속에서 우리는 더욱
단단해지고 성숙해질 거예요.

막스 슬레보그트 **Max Slevogt**, 팔츠에서의 과일 수확배나무, **1917**

8 AUGUST

햇살 아래 빛나는 소중한 순간들이
알알이 무르익고 있어요.
여름날 태양처럼
열정 가득한 나날을 보내고 있는
당신을 응원합니다.

안졸로 토마시 Angiolo Tommasi, 토스카나에서의 수확

사물의 의인화

아이들은 발달 특성상 '사물에도 생명이
있다'라고 믿어요. 물건을 소중하게 다루게
하려면, 사물을 의인화해 보세요.
"색연필들이 자기 집으로 돌아가고 싶대!"
"남은 점토 가루가 다 모여서 끈적 괴물이 되어
나타나면 어쩌지?"

알렉산더 케스터 **Alexander Koester**, 지일탈 안 브릭슬레그, 티롤, **1889**

수면 패턴

아이가 어제와 같은 시간에 자고
내일 또 같은 시간에 일어날 수 있도록
도와주세요.
조용하고, 어두운 곳에서, 포근한 잠을 잘 수
있도록 환경을 만들어 주세요.
질 좋은 수면은 아이의 성장을 돕고 안정적인
정서 활동을 하는 바탕이 된답니다.

비르질리오 토예티 **Virgilio Tojetti**, 잠자는 아기

6 JUNE

세상의 모든 꽃이 활짝 피어있는
화창한 날,
이렇게 날씨가 좋은 날엔
햇빛 속으로 나가요.
자연이 주는 축복입니다.

루트비히 한스 피서 **Ludwig Hans Fischer**, 맑은 날, 보티프 교회 근처

30

서로 다른 렌즈

각자는 세상을 바라보는 독특한 렌즈를 가지고
있습니다. 과학자의 분석, 예술가의 창의성,
사업가의 전략이 모여 더 풍요로운 세상을
만듭니다. 서로의 다름을 인정하고 존중하며,
자신의 렌즈를 발견하고 타인의 관점을
받아들일 수 있는 균형 잡힌 시각을 길러요.

외젠 아카르 Eugène Accard, 거울 앞에서

뛰놀며 배워요

아이들은 자연 속에서 뛰놀며 사랑하는 법을
배웁니다. 작은 개미의 움직임에서 생명의
경이로움을 발견하고, 넘어져 다친 무릎의
상처로 인생의 작은 고난을 이겨내는 법을
익히며, 친구들과 어울리며 함께 살아가는
법을 배웁니다.

안토니노 레토 Antonino Leto, 빌라 타스카의 게임

29

별자리 보기

아이와 함께 여름밤의 별자리를 찾아보며,
우리 가족만의 우주 탐험을 시작해 보세요.
별빛 아래에서 나누는 이야기는 우주보다 깊은
우리 가족의 사랑을 확인시켜 줄 거예요.

신예이 메르세 *Pál Szinyei Merse*, 기구, **1878**

2

이 시간

이 시간이 너무 빨리 흘러가지 않기를
기도해요.
더 어릴 때의 사진과 영상을 보며, 어느샌가
베갯잇이 촉촉해져 있어요. 쌔근쌔근 자는
아이를 눈앞에서 보고 있으면서도, 벌써 이
시간이 그리워지려 합니다.

에드워드 퍼시 모란 Edward Percy Moran, 소녀와 개, 1890

July

28

지금 그대로 사랑해

아이들의 순수한 모습 그대로를 사랑하고
인정해 주는 것이 중요합니다. 완벽하지
않아도 괜찮다고, 있는 그대로 모습으로
충분히 사랑받을 가치가 있다고 말해 주세요.
"우리 딸·아들로 태어나줘서 정말 고마워."

제시 윌콕스 스미스 Jessie Willcox Smith, '사랑하는 아들!'네 아버지가 세상에서 제일 좋은 사람이야, 1919

3

관계 유지

우리는 어떤 상황에서도 자신을 지켜야
합니다. 이를 위해 자신을 아끼고 존중해 주는
사람들과의 관계를 유지하는 것이 중요합니다.
자신을 보호하는 것은 물리적인 안전뿐만
아니라 심리적, 정신적인 보호를 포함합니다.
이러한 관계는 자존감을 높이고 어려운
상황에서도 든든한 버팀목이 됩니다.

시어도어 얼 버틀러 Theodore Earl Butler, 꽃 정원, 1908

27

반짝이는 거미줄처럼

자연은 일상의 작은 기적을 보여줍니다.
아침 이슬에 반짝이는 거미줄처럼, 삶이
계획대로 흐르지 않아도 그 속에서 발견하는
아름다움과 의미를 소중히 여기는 것이 진정한
기적입니다. 자연은 잊지 못할 순간들을
선물하며, 그 속에서 우리는 삶의 의미를 다시
찾게 됩니다.

요제프 테오도르 무송 Jozef Teodor Mousson, 정원의 여름

June

4

동심을 담아

아이의 "왜?"라는 물음에 동심을 담아 대답해
보세요.
"왜 물은 투명해요?" "물은 마법의 거울처럼
세상의 모든 색을 품고 있어. 그래서 투명하게
보이지만, 그 안에는 많은 이야기가 담겨 있지."
"왜 꽃은 향기가 나요?" "꽃은 요정들이
춤추며 남긴 향기를 가지고 있어. 그 향기로
벌과 나비 친구들을 불러 모으는 거야."

프레더릭 모건 Frederick Morgan, 사과 시간

오늘 하루 이야기

말과 글은 언제나 우리 곁에서 살아 움직이며,
바람을 타고 누군가의 마음에 닿습니다.
요리사에게는 레시피, 마케터에게는 홍보
문구, 공학도에게는 코딩 언어로, 교사에게는
교사 일지로 모여 한 권의 책이 되기도 합니다.
당신의 하루 이야기도 멋진 에세이가 될 수
있습니다.

찰스 헤이그-우드 Charles Haigh-Wood, 이야기 시간

June

5

서로를 지키고 있어요

우리의 존재는 서로를 지켜주는 소중한 힘이
됩니다. 아이는 부모에게 순수한 사랑을
전하며, 그 사랑은 우리의 일상에 따뜻한
빛을 비추는 무한한 에너지가 되죠. 부모는
아이에게 세상의 아름다움과 다양한 경험을
선물하며, 언제나 안전한 울타리가 되어주려
합니다. 존재 자체로 서로를 빛나게 합니다.

루퍼트 버니 Rupert Bunny, 여름 아침, 1897

25

음악과 함께 해요

매일 아침 눈뜨는 순간부터 잠자리에 들
때까지, 음악은 우리의 일상을 감싸 안습니다.
경쾌한 멜로디에 아침은 더욱 활기차게,
신나는 리듬에 지루한 청소 시간마저
댄스파티가 됩니다. 아이가 숙제를
시작하거나, 활동 후 정리가 필요할 때,
잠자리에 들 때 음악을 활용해 보세요. 음악은
우리 집 신호등이 되어, 아이들의 행동을
자연스럽게 이끌고 일상의 리듬을 조화롭게
만들어 줄 거예요.

찰스 코트니 커런 Charles Courtney Curran, 꽃의 길, 1919

June

6

적절한 지원

아이의 건강과 행복을 위해 발달 단계에 맞춘
도움이 필요해요. 영아기에는 작은 변화에
민감하게 반응하고, 유아기에는 감각과 운동
발달을 자극하는 놀이로 창의력과 문제
해결력을 키워야 하지요. 초등기에는 다양한
체험을 통해 전인적 성장을 지원해야 합니다.

알프레드 시슬리 Alfred Sisley, 초원, 1875

July

24

시도와 도전

아이와 함께 퍼즐을 맞추며 집중의 즐거움을
알게 해 주세요. 책을 읽어줄 때는 이야기
속으로 푹 빠져들 수 있게 생생한 목소리로
들려주세요. 요리할 때 아이에게 재료를
측정하는 역할을 맡겨보는 것도 좋습니다.
레고를 좋아한다면 복잡한 모델에 도전하도록
해보세요. 그림 그리기를 즐긴다면 세밀화를
시도해 보는 것도 좋아요.

맥로플린 브라더스 McLoughlin Bros, 퍼즐을 가지고 노는 두 아이

June

7

공부의 시작

봄에는 흩날리는 꽃잎으로,
여름에는 바닷가 동글동글한 조약돌로,
가을에는 도토리, 단풍잎, 은행잎으로,
겨울에는 눈사람 단추와 크리스마스 쿠키로
즐거운 공부 시간을 만들어 보세요.
세상 모든 것이 공부의 재료가 될 수
있으니까요.

에토레 티토 Ettore Tito, 어린이들

July

23

기다림의 사랑

부모의 사랑은 아이를 따뜻하게 품으면서도
언젠가 홀로 설 수 있도록 준비하는
것입니다. 아이가 스스로의 길을 걸을 때,
우리는 한 걸음 떨어져 응원하는 존재가
되어야 합니다. 이 두 가지 바람은 결코
모순되지 않으며 서로를 완성합니다.
진정한 사랑을 마음에 새기며, 아이가
자신의 날개로 높이 날아오를 날을
기다려야 합니다.

라우리츠 안데르센 링 Laurits Andersen Ring, 네스트베드 근처 도로에서의 전망, 시랜드, 1892 – 1896

배움의 즐거움

세상은 빠르게 변화하지만, 아이들은
반짝이는 호기심과 배움의 설렘을 느껴야
합니다. 새로운 것을 알아가는 기쁨, 이해했을
때의 환희, 도전을 극복했을 때의 자신감이
아이들의 마음속에 깊이 새겨질 때 진정한
성장을 경험하게 됩니다. 이러한 배움의
즐거움은 미래를 향한 강력한 무기가 될
것입니다.

칼 프뢰슐 **Carl Fröschl**, 작은 정원사

July

22

꾸준함이 핵심

배움의 길은 꾸준함이 핵심입니다. 매일
조금씩 쌓아 올리는 지식의 벽돌로 미래의
단단한 성을 짓는 것과 같죠.
하지만 인생에는 언제나 예상치 못한 변수가
생기게 마련입니다. "오늘 못하게 되는 공부는
어떻게 하는 게 좋을까?" 아이는 내일 좀 더
하고, 부족한 건 주말에 보충한다거나, 스스로
방법을 찾아낼 거예요. 이 모든 사소한 일들이
삶의 중요한 공부입니다.

빅토르 가브리엘 길베르 Victor Gabriel Gilbert, 마들렌

June

9

타협과 이해

형제나 친구들과 놀 때, 자신이 원하는 대로만
되지 않을 수도 있음을 이해하는 건 무척
중요해요. 자기 의견만을 고집하는 것이
아니라, 다른 사람들의 의견을 존중하고
해결책을 찾는 과정에서 타협을 배우는 것은
인생에서 중요한 공부 중 하나이니까요.
이러한 과정이 있어야만 아이들은 더욱
성숙하고 책임감 있는 사회 구성원으로 성장할
수 있어요.

존 모건 John Morgan, 놀이하는 아이들

21

꿈을 꾸는 것

꿈을 꾸는 것만으로도 우리는 이미 한 걸음
나아간 것입니다. 그저 품는 것만으로도
우리를 더욱 빛나게 해 주는 마법 같은
것이거든요. 그래서 우리는 "꿈"이라는
말만 들어도 가슴이 마구 뛰는 건지도
모르겠습니다.

에드먼드 찰스 타벨 Edmund Charles Tarbell, 여름 산들바람, 1904

June

10

노력하면 된다는 믿음

오랜 시간 공들여 노력하는 일이 얼마나 가치
있고 보람된 일인지 알 수 있게 해 주세요.
분기별로 계획표를 짜서 꾸준히 실천하면
성과가 생기는 일이요.
피아노 배우기, 저축하기, 일기 쓰기, 게임
배우기 등
무언가 노력하면 언젠가 반드시 이루어진다는
진리를 깨닫게 될 거예요.

클로드 에밀 슈페네커 Claude Emile Schuffenecker, 몽수리 공원의 아이들, 1889

언제나 널 믿어

누구보다 잘하고 싶은 건 바로 아이들이에요.
남보다 앞서 나가지 않더라도, 비록 성공하지
못하더라도, 부모만큼은 아이를 믿고
지지한다는 마음을 지속해서 보여주세요.
"최선을 다하면 돼. 네가 실패하더라도,
엄마는 언제나 널 믿어. 너의 도전을 끝까지
응원할 거야."

안톤 하인리히 디펜바흐 Anton Heinrich Dieffenbach, 쉬고 있는 어린 거위 치기 소녀

June

11

열린 질문 하기

"오늘은 어떤 새로운 것을 발견했니?" "네가
좋아하는 일은 뭐야?" "그 일을 할 때 어떤
기분이 들어?" 이런 열린 질문들은 우리
아이들을 탐험가로 키워줍니다. 아이들의
궁금증을 소중히 여기고, 그들의 이야기에
귀 기울이며, 새로운 도전을 응원해 주세요.

모리스 드니 **Maurice Denis**, 벨롱 강에서의 요트 축복, 1899

계절의 축복

여름밤의 바람이 우리의 뺨을 간지럽히고,
맨발로 뛰어노는 아이의 웃음소리가 우리
가족의 노래가 됩니다. 이 여름은 우리가
서로를 더 깊이 사랑하게 합니다. 아이와
우리가 세상을 더 넓고 따뜻하게 바라보게
합니다.

신예이 메르세 **Pál Szinyei Merse**, 양귀비 꽃이 핀 초원, 1896

12

Say No라고 말하기

아이가 친구 관계에서 선을 넘는 말과
행동을 할 때, "멈춰" "친구를 배려해 줬으면
좋겠어." 하고 부모의 생각을 표현하는 것도
중요합니다.
이는 아이들이 자신의 감정을 솔직하게
표현하고, 타인에게 존중받는 방법을 배우는
중요한 과정입니다.

찰스 에드워드 페루기니 Charles Edward Perugini, 햇살 좋은 오후의 독서

18

규칙을 반복해 주세요

아이들에게 규칙을 반복해서 알려주세요.
규칙을 한 번 들었다고 해서 바로 이해하고
기억하기는 어렵기에 반복이 필요합니다.
"길을 건널 때는 항상 좌우를 살펴야 해.
차가 올 수 있으니까!" "전기 콘센트는
만지면 안 돼. 감전될 수 있어서 위험하단다."

펠릭스 지엠 Félix Ziem, 베네치아, 프랑스 정원 입구에서 마돈나로 가는 곤돌라

13

보이지 않는 벽

우리 아이들의 마음속에 때로는 보이지 않는
벽이 존재한다는 걸 아시나요? "난 이런
사람이야", "난 그건 못해" 하지만 우리는
그 작은 속삭임 너머의 무한한 가능성을
볼 수 있잖아요. "네 안에는 슈퍼 히어로가
살고 있어. 자신을 믿어!" 벽이 허물어 가는
여정에서 부모도, 아이들도 새로운 세상과
만나게 될 거예요.

레서 우리 Lesser Ury, 베를린 거리의 여성, 1918

17

팀워크

세상에서 가장 작지만, 큰 숙제가 있어요. 자기 방을 청소하고, 식사 후 빈 그릇과 수저를 물에 담그게 하거나, 자기 옷과 양말 빨래를 개는 일 등은 단순해 보이는 가사일이에요.
아이에게 제 일을 스스로 처리하는 책임감은 물론, 가족 구성원과 협동하여 집안일을 함께하며 팀워크까지 배울 수 있게 한답니다.

아우구스트 예른베리 **August Jernberg**, 여름 풍경

14

거짓말을 할 때

아이가 거짓말을 할 때 무조건 화를 내면
안 돼요. "어떻게 된 건지 솔직하게 말해봐."
하면서 아이가 진실을 말한다면 용서받을 수
있다는 걸 경험하게 해 주세요.
대신, "어떻게 하면 더 좋았을까?"
문제를 해결하려면 어떤 방법이 좋을지 스스로
판단할 수 있게 질문해 주세요.

에밀 체흐 Emil Czech, 장미정원, 1904

July

16

대안을 제시하세요

"지금은 따뜻한 우유를 한 잔 마시고, 내일
아침에 맛있는 아이스크림을 사러 가자."
아이가 밤늦게 무언가를 원할 때, 욕구를
인정하면서 대안을 제시하세요. 즉각적인
만족 대신 기다림의 가치를 배우고, 스스로
생각하고 결정하는 능력을 기르는 데 도움이
됩니다.

요제프 슈스터 Josef Schuster, 과일이 놓인 정물대, 1853

삶의 의미

아이와 함께 웃고 울며 보내는 하루하루가
모여 당신의 인생을 더욱 풍요롭게 만들고
있어요. 아이의 순수한 미소, 호기심 가득한
눈빛, 때론 엉뚱한 질문들….
이 모든 것들이 여러분의 삶에 새로운 의미와
기쁨을 더해주고 있답니다.

막시밀리앙 리스 Maximilien Luce, 롤르부아즈, 센 강 지류 근처의 목욕객들

July

15

평화로운 밤

새근새근 깊이 잠든 아이 모습에
방 안 가득 사랑이 차올라요.
잠든 아이의 눈에 부드럽게 입맞추고,
동글동글 작은 코를 만져요.
따뜻한 멜로디가 아이의 꿈속으로 스며들어,
평화로운 밤을 만들어 준답니다.

에우제니오 잠피기 **Eugenio Zampighi**, 행복한 어머니

June

16

단호함이 필요할 때

"~하는 게 좋지 않겠니?"
친절하게 권유한다고 항상 최선은 아니에요.
"얼른 양치해." "어서 숙제하자."
아이가 지금 해야 할 당연한 일에 대해선,
바로 할 수 있게 명확하고도 단호하게 지도해
주세요.

해링턴 만 Harrington Mann, 노크 가문의 세 자녀 초상, 1909

July

14

반복 학습

새로운 것을 배울 때 우리는 한 번에 성장하지
않습니다. 처음에는 서툴게 피아노를 치던
손가락이 꾸준한 연습을 통해 아름다운 선율을
만들어 내듯, 반복을 통해 기술이나 지식을
자기의 것으로 만들게 됩니다.
우리의 뇌는 이러한 반복을 통해 성장하고
가능성을 확장해 나갑니다.

제임스 티소 James Tissot, 피아노 앞의 캐슬린 뉴튼, 약 1880-1881

June

17

보석처럼 빛나는 삶

삶이 무겁고 힘겨울 때면
언젠가 이런 순간들을 보석함에서 꺼내어 볼 거예요.
· 임신 테스트기 두 줄을 확인한 날
· 아가의 배냇 웃음에 세상을 다 얻은 듯 행복했던 날
· 처음 엄마, 아빠라 불러준 날
· 아장아장 걷기 시작한 날
소중한 삶의 순간들을 하나도 놓치지 마세요. 오늘,
지금 바로 이 시간도요.

미하일 안드레예비치 베르코스 Mikhail Andreyevich Verkovs, 양귀비 꽃이 만발한 정원, 1896

July

13

자신만의 색

아이의 눈에 비치는 세상은 무한한
가능성으로 가득 찬 캔버스와 같아요.
아이들은 자신만의 색으로 그 위에 꿈과
희망을 그려나갑니다.
믿어주고, 격려해 주면 아이들의 붓은 더욱
자유롭게 춤출 거예요. 때론 선을 벗어나고,
색이 섞이기도 하겠지만, 그 모든 과정이
아이 성장의 스토리가 될 것입니다.

조르주 자닌 Georges Jeannin, 꽃이 가득한 바구니

18

메타인지

메타인지는 '생각에 관한 생각'을 의미하며,
우리가 무엇을 알고 모르는지, 어떻게 더
잘할 수 있는지를 스스로 점검하고 조절하는
능력입니다. 이 능력은 마음속의 작은
나침반처럼 방향을 알려주지요. 아이들이 이
나침반을 잘 활용할 수 있도록 도와주면, 꿈을
향해 나아가는 데 든든한 친구가 될 것입니다.

빅토르 가브리엘 길베르 Victor Gabriel Gilbert, 마들렌 교회 앞 꽃장수 파리

무조건 사랑해

'너는 존재 자체로 소중하고 특별한 아이'라
말하며 꼭 안아주세요. 아이 밥 먹는 모습만
봐도 내 배가 부른 날, 동생 잘 보살펴 줘
대견한 날, 마음은 늘 더 잘해주고 싶은데
부족한 엄마 같아서 미안해지는 날. 무조건
사랑한다고 말해 주세요.

빅토르 가브리엘 길베르 Victor Gabriel Gilbert

June

19

한계를 인정하는 어른

"어른이라고 해서 뭐든지 다 완벽할 수는
없어."라고 솔직하게 말하면 아이들은 고개를
갸우뚱하면서도, 눈빛만은 반짝입니다.
우리 어른들도 여전히 '더 나은 나'가 되고픈
어른 아이란 걸 알까요?
서투르고, 완벽하지 않은 부모여도 한계와
부족함을 인정하고 노력하는 모습만큼은 분명
진실하게 다가갈 거예요.

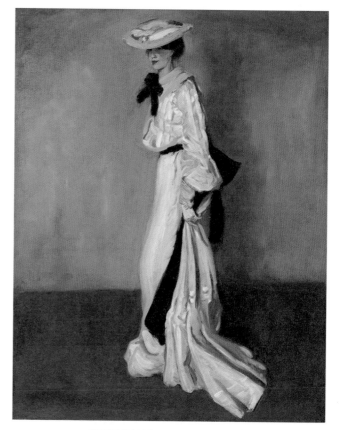

알프레드 헨리 모러 Alfred Henry Maurer, 흰옷을 입은 여성, 약 1900

11

행복해지는 상상

뜨거운 여름날, 온 세상이 달궈진 듯한
순간들이죠. 상상해 봐요. 입안 가득 퍼지는
시원한 수박 한 조각, 살얼음 동동 띄운 시원한
냉면 한 그릇, 목을 타고 내려가는 시원한
아이스 아메리카노 한 모금, 밤하늘의 별을
보며 마시는 시원한 맥주 한 잔.
행복해지는 상상!

John Singer Sargent 해변의 소년, '캉칼의 굴 채취자들'의 스케치, **1877**

June

20

자연스러운 감정

"엄마, 나랑 놀아줘." 아이가 곁에 붙어 있을
때, 필요한 존재라는 사실만으로도 감정이
뭉클해져요.
혼자만의 시간도 필요합니다. 완벽한 엄마가
되어야 한다는 부담과 나 자신으로 살고 싶은
욕구 사이에서 매일 줄타기하는 기분입니다.
이것은 자연스러운 일입니다.

빈센트 반 고흐 Vincent van Gogh, 사이프러스가 있는 밀밭, 1889

사랑은 매미처럼

"매미들은 땅속에서 7년을 살다가 밖으로
나와 아주 짧은 시간 동안만 살아. 그들에겐
이 여름이 전부인 거야. 그래서 그 짧은 시간
동안 '나 여기 있어요, 당신을 사랑해요. 함께
날아올라요' 노래하는 거야."
오랜 기다림 끝에 온 힘을 다해 부르는 사랑의
세레나데. 매미처럼 사랑하는 사람들에게
마음을 표현하세요. 지금 바로요.

막시밀리앙 리스 Maximilien Luce, 롤르부아즈, 센 강 작은 지류에서의 수영, 1920

21

듣고 싶은 말

내가 듣고 싶은 말을 상대에게 해보세요. 마치
따뜻한 햇살이 온몸을 감싸듯, 상대방의 마음
깊은 곳에 닿아 용기와 힘이 되니까요.
그 한마디가 누군가의 하루를 밝게 만들고,
힘든 시기를 견딜 수 있는 희망이 될 수 있어요.

장-바티스트-앙투안-에밀 베랑제 Jean-Baptiste-Antoine-Emile Béranger, 이젤에 있는 여성 화가, 1856

9

설명 잘하기

원하는 일을 구체적으로 설명해 주세요.
뇌로 전달도 잘 되고, 그만큼 행동 반응도
빠르거든요.
"위험해! 발밑을 잘 봐!"
"건널 때 좌우 잘 살펴야 해!"

에드먼드 찰스 타벨 Edmund Charles Tarbell, 1928, 마조리와 어린 에드먼드

자전거 여행

처음 자전거 타는 법을 배우는 아이를 떠올려
보세요. 부모는 아이의 자전거를 지지하다가
균형 감각이 좋아지면 점차 손을 뗍니다.
아이는 모르지만, 부모는 이미 손을 놓고
뒤에서 따라갑니다. 우리는 모두 누군가의
따뜻한 지지 속에서 자기 길을 찾아가는
자전거 타기의 여정을 겪고 있습니다.

구스타프 클림트 Gustav Klimt, 해바라기, 1883

July

8

인성 교육

좋은 성적을 받고, 뛰어난 실력을 갖춰 남을
이기길 바라는 경쟁만을 가르쳐선 안 돼요.
이는 아이들을 고립시키고, 자칫 주변 세계를
적대적으로 바라보게 만들 수 있거든요.
"서로의 장점을 배우고, 함께하는 일이 훨씬
더 중요해." 경쟁이 아닌 협력의 가치를 알고,
다양성을 존중하게 해 주세요.

아이작 이스라엘스 Isaac Israëls, 스헤베닝언 해변에서 당나귀 타기

June

23

실수해도 괜찮아

아이의 작은 도전을 응원해 주세요. 서툴고,
실수하더라도 그 시도가 얼마나 아름다운지
이야기해 주세요. 넘어졌을 때 아이를
감싸주고 다시 일어설 용기를 북돋아 주는
것이 부모의 큰 사랑입니다. 아이는 긍정적인
방향으로 성장할 것입니다.

라이문도 데 마드라소 이 가레타 Raimundo de Madrazo y Garreta, 메르세데스 드 헤렌 초상화

다르게 생각하기

교육의 진정한 가치는 단순히 정답을 찾는
것이 아닌, 문제를 바라보는 다양한 시각을
기르는 데 있습니다.
"이 문제를 다르게 푸는 방법은 없을까?"와
같은 질문은 아이의 생각 폭을 넓히고 뇌를
유연하게 하는 마법의 열쇠와 같습니다.

루치안 아드벤토비치 Lucjan Adwentowicz, 독서하는 여인, 1937

지금은 웃을 때

혹시 돌잡이 아이를 두고 대학 갈 걱정,
어린이집 다니는 아이를 두고 군대 보낼
걱정을 하고 계신 건 아닌가요? 미래에 대한
준비도 중요하지만, 미리 알 수도 없을 내일을
걱정하느라 지금, 오늘, 이 순간을 놓치지
마세요.

젊은 어머니, 피에르-오귀스트 르누아르 Pierre-Auguste Renoir, 1881

6

블랙의 꿈

아이가 검정 크레파스로 그림을 그리는
모습을 보면 어른들은 당황할 수 있어요.
하지만 다른 시선으로 바라보면 새로운
이야기가 보여요. 본질만을 남기는 용기와
그 단순함 속의 깊은 아름다움. 미래의
예술가나 철학자를 만나는 순간일지도
모릅니다.

빈센트 반 고흐 Vincent van Gogh, 론강 위의 별이 빛나는 밤에, 1888

25

칭찬과 격려

아이의 작은 성취에도 진심 어린 칭찬을
아끼지 마세요. 실패 역시 배움의 과정이라고
말해 주세요. 그 자체로 아이에게 커다란 힘이
된답니다.
부모님이 아이를 믿고 격려해 주면, 아이는
그 힘으로 세상을 두려워하지 않고 자유롭게
탐험할 수 있으니까요.

빅토르 가브리엘 길베르 Victor Gabriel Gilbert, 프랑스 극장 광장, 약 1895-1890

July

5

첫 번째 선생님

잊지 마세요.
여러분은 단순히 부모일 뿐 아니라 아이의
첫 번째 선생님이자 영웅이에요. 매일
아이에게 주는 사랑과 관심, 그 적은 노력이
모여 우리의 미래를 밝혀주고 있답니다.

빅토르 가브리엘 길베르 Victor Gabriel Gilbert, 장미를 든 우아한 여인, 1879

June

26

다른 속도로 자라요

아이들은 누가 무언가를 잘하는지 귀신같이
알아차립니다. 수학 문제를 제일 빨리 푸는
친구가 누구인지, 미술 시간에 누가 그림을 잘
그리는지 금세 파악하죠. 모든 아이가 같은
속도로 배울 수는 없습니다. 잘하는 것도 각자
다르고요. 아이들의 서로 다름을 인정하고
존중해 주세요.

빅토르 가브리엘 길베르 Victor Gabriel Gilbert, 꽃을 모으는 여성

4

우주의 안내자

아이의 눈을 들여다보면 그 안엔 온 우주가
담겨 있습니다. 호기심으로 반짝이는 별들,
무한한 가능성의 은하수까지.
부모가 된다는 것은 이 작은 우주의 안내자가
되는 것입니다.

앙리엣 론너-크니프 Henriëtte Ronner -Knip, 호기심

June

27

무엇보다 중요한 일

'만약 우리 아이가 다시 학창 시절로
돌아간다면?'이라는 질문에 많은 선배
부모와 교사들은 입을 모아 이렇게 답해요.
세월이 흘러도, 교육 과정이 몇 번이 바뀌어도
한결같은 대답이었어요. 독서, 글쓰기, 운동,
악기, 가족 여행, 캠핑, 수학 기본기, 영어…
하지만 그 무엇보다 중요한 건 몸과 마음이
건강한 아이로 자라나는 것.

알프레드 페티 **Alfred Petit**, 정원에 있는 꽃바구니와 화분, **1887**

3

나만의 글쓰기

육아의 일상에서도 자신만의 시간을 찾는
것은 중요합니다. 그중에서도 글쓰기는
특별한 도구가 되어줄 수 있습니다. 아이가
잠든 후 잠깐의 시간, 혹은 새벽의 고요한
순간을 활용해 그날의 감정과 생각을
몇 줄이라도 적어보세요.

프란츠 자베르 그레젤 Franz Xaver Gräßel, 초원에 있는 구타흐 여성, 1900

자신을 사랑한다는 것

어린 시절의 경험은 성장 후 결정에 큰 영향을
미칩니다. 과거의 상처를 무시하기보다는
솔직하게 마주하는 것이 치유의 시작입니다.
자녀에게 사랑을 주고 싶다면 먼저 자신을
사랑하는 법을 배워야 해요. 그래야 자녀에게
긍정적인 영향을 미칠 수 있습니다.

마리 에그너 **Marie Egner**, 햇살 좋은 테라스의 꽃 애호가

July

2

아이의 의견

가족 여행 계획을 세울 때 아이의 의견을
적극적으로 반영해 보세요. 언제 어디를 갈지,
어떤 음식점에서 식사할 것인지 등 아이가
직접 찾아보고 선택하도록요.
아이가 제안한 아이디어를 실제 계획에
반영하면, 아이는 자신의 의견이 중요하다고
느끼게 되죠. 가족 내에서의 자신의 역할도
중요하게 인식하게 됩니다.

가에타노 키에리치 Gaetano Chierici, 유년의 기쁨

June

29

감정의 이름

아이의 감정에 이름을 붙여 보세요. 아이가
방긋 웃었던 순간의 행복은 "햇살 미소";
엄마 아빠와 함께한 시간의 따뜻함은 "포근한
담요"; 혼자 있을 때의 슬픔은 "구름 눈물";
속상하고 화가 났던 순간의 분노는 "번개뿔";
두려움은 "어둠 속 속삭임"; 사랑은 "따뜻한
햇빛"; 질투는 "초록 불꽃"; 외로움은 "고요한
바람"; 자신감은 "강한 사자"… 이런 활동은
어휘력과 문해력도 함께 키워줘요.

가에타노 키에리치 Gaetano Chierici, 적절한 순간, 1882

가족 여행

여름엔 가족이 함께하는
특별한 시간을 가져보세요.
눈부신 태양 아래 우리는 사랑을 나누고
추억을 쌓습니다. 아이의 웃음소리가 울려
퍼지는 해변에서, 해바라기 밭을 함께 거닐고,
밤하늘에 빛나는 별을 바라보며 소원도 빌고,
모닥불을 피워놓고 늦은 밤까지 이야기꽃을
피웁니다.

에드워드 헨리 포타스트 Edward Henry Potthast, 해변의 아이들

June

30

부모 교육

부모 교육이라는 말을 처음 들으면 많은
이들이 의아해합니다. "아이를 키우는
일에도 교육이 필요해요?" 하지만 곰곰이
생각해 보세요. 우리 인생에서 가장 중요하고
위대하면서도 어려운 일에 대해 아무런 준비
없이 뛰어드는 것이야말로 정말 위험한 일
아닐까요?

필립 알렉시우스 드 라즐로 **Philip Alexius de László**, 스테이프 사자와 함께한 아이 초상, **1927**

7 JULY

여름밤 반짝이는 반딧불이를 보며,
별이 가득한 밤하늘 은하수를 향해,
비 온 뒤 피어난 무지개를 보며
소원을 빌어보세요.
다 이루어질 거예요.

요한 카우츠키 Johann Kautsky, 어느 여름날